JN124740

Gregory J. Chaitin

The Unkowable

復刻改装版

知の限界

Il n'y a guère de paradoxe sans utilité

ω

グレゴリー・J・チャイティン

黒川利明●訳

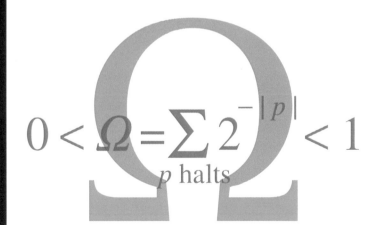

$$0 < \Omega = \sum_{p\ halts} 2^{-|p|} < 1$$

SiB
access

はしがき

　この話題についての本は、既に 4 冊出版しています。なぜ 5 冊目なのでしょうか？新しいことがあるからです。LISP†を使い、とても簡潔かつ率直な方法で、ゲーデルやチューリングの仕事と私の仕事を比較対照します。

　今まではゲーデルとチューリングの仕事を綿密に調べたいと思ったことはありませんでした。自分自身の考えを発展させたかったのです。しかし、もう問題はありません。数学理論の限界を示す三つの異なる方法の数学的本質を説明することにしました。1930 年代にゲーデルとチューリングの行った方法および 1960 年代以来私が取り組んできた方法です。

　手短に言うと、ゲーデルは不完全性を、チューリングは計算不可能性を、私はランダム性を発見しました。ある数学的叙述が理由もなく真実であり、偶然真実だというのは驚くべき事実です。少なくとも数学では、「万物理論」(theory of everything, TOE) はあり得ません。物理学では存在するかもしれませんが！

　私は「ジャーナリズム」的な本を書きたくはありませんでした。基本的な数学の考え方を分かりやすく説明したかったのです。そのための方法が見つかったと思います。以前よりも先達の仕事をよりよく理解できたと思います。この本の本質は、数学的考えを説明している言葉です。しかし、熱心な読者は、ゲーデルとチューリングと私の証明をコンピュータ上でしっかり見せてくれる LISP プログラムにいたる道のりを是非ついてきてください。このソフトウェアで遊びたければ、私のウェブサイトからダウンロードできます。

　本書は Springer 社発行の「数学の限界」(*The Limits of Mathematics*) の前編でもあります。私の考えをよりやさしく導入しており、「数学の限界」で使うのと同じ LISP を使います。本書は、「数学の限界」におそれをなしている人たちにとって、良い足がかりになるでしょう。

---

† 改装復刻版にあたり著者からの追記。本書の Lisp、「WebAssembly Version of Chaitin's Lisp」は著者のホームページにある。インタープリタそのものは、http://www.weitz.de/chaitin/ に、ライブラリは https://github.com/darobin/chaitin-lisp/tree/master/book-examples にある。

　本書は、カントール、ラッセル、ヒルベルト、ゲーデル、チューリング、そして私自身の仕事を要約した「数学の基礎に関する百年論争」という講義で始まり、数学が準経験的であるという結論で締め括っています。ブエノスアイレス大学の精密科学部の後援で1998年ブエノスアイレスを2回訪問し、スペイン語でこの講演をいくつかの版で行いました。これらの訪問は、数学科のGuillermo Martinez教授、コンピュータ科学科のVeronica Becher教授がお膳立てしてくれました。お二人に心から感謝いたします！

　本書を書くように熱心に勧めてくれたPeter Nevraumontにも御礼申し上げます。しかし、本書を書いた本当の理由は、基本的考えは簡潔で、少しでも進んで努力する人になら誰にでも説明できるという私の確信です。だが、ここでこのように私が講演できるほど明確に、根本的に簡潔な考えにたどり着くのには40年近くかかりました！

　最後になりましたが、IBM T. J.ワトソン研究所の私のマネージャであるPaul Horn、Ambuj Goyal、Mark Wegmanの励ましと援助に感謝します。

　理解の限界とは何かを理解しようとするこの問題の著名な先達へ本書を捧げたいと思います。私がNagelとNewmanの小さな本「ゲーデルの証明」にその昔刺激されたように、本書を手がかりにし、この道の次のステップを踏むよう刺激を受ける子供たちにも本書を捧げたいと思います。そして未来の理解に！

1999年2月11日

G. J. Chaitin
chaitin@watson.ibm.com
http://www.umcs.maine.edu/~chaitin
http://www.cs.auckland.ac.nz/CDMTCS/chaitin

目　次

使い途のないパラドックスはほとんどない

ライプニッツ

第 1 章

数学の基礎に関する百年論争

1998 年ブエノスアイレスを 2 回訪問し、スペイン語で行った同名の講演に基づきます。

● 超数学とは何か？

● 無限集合についてのカントールの理論

● パラドックスについてのラッセル

● 形式体系についてのヒルベルト

● ゲーデルの不完全性定理

● 計算不可能性についてのチューリング

● ランダム性と計算量についての私の仕事

● 数学は準経験的か？

● コンピュータとプログラミング言語は、推論を完全に形式化しようとしてできなかった努力の予期せぬ副産物として論理学者によって作られた。

● 形式主義は理論には失敗したが、計算には輝かしい成功を納めた。

● 実際には、プログラミングは定理証明よりも正確さを要求する

● ゲーデル⇒チューリング⇒チャイティンの各ステップは、不完全性をより自然に、より広範に、より遍在的に、そして、より危険に思わせる！

超数学とは何か？

20世紀には、概念上の革命が多数ありました。物理学で20世紀の二つの革命は相対性理論と量子力学でした。アインシュタインの空間、時間、重力についての理論、そして、原子の内側で起こっていることについての理論です。これらは非常に革命的であり、観点の劇的な変化、パラダイムシフトを引き起こし、議論を巻き起こしました。これらは多くの悲しみと心痛を引き起こし、いわゆる古典物理学と現代物理学との世代交替の分岐点となりました。

それとは別に、より初期の革命、統計的な観点への変化は今も続いています、ほとんどすべての物理学は、古典物理学も現代物理学も今では統計的です。私たちは、物理学におけるもう一つの概念変化の入り口にもいます。カオスと複雑系の強調です。そこでは、日常的な対象、例えば蛇口から落ちる水滴、合成振り子、天候などが、非常に複雑で予想できない動きをすることが分かっています。

門外漢にはあまり知られていませんが、純粋数学の世界はこれらに無縁で、免疫がありません。私たちにも危機がありました。部外者は、数学が静的で、永久不変で、完璧だと考えるかもしれませんが、実のところ、20世紀は、数学の最も基本的な教義、数学の本質、妥当な証明とは何か、また、どのような数学的対象が存在し、数学はいかになされるべきかについての論争が際立った、かなり悲しく、苦しい、心痛む時代でした。

実は、「超数学」（metamathematics）と呼ばれる数学の新分野があります。そこでは数学的方法を用いて、数学に何ができて何ができないかを論じ、数学理論の能力と限界を定めようと試みています。超数学では、数学者が、数学そのものを数学的顕微鏡で徹底的に調べます。それは、精神科医が自分自身に行う分析のようなものです。数学が、自分自身を鏡に映して、何ができ何ができないか問いかけるのです。

本書では、数学の基礎についての20世紀の論争についてのお話をしようと思います。超数学の分野がなぜ作り出されたか、何を達成したか、数学という営みの本質について投げかけた光と、投げかけられなかったことがらを要約します。数学の働き、物理学や他の実験科学との相違を超数学がどれだけ明確にしたかを話すつもりです。私以外にも数人が、これに情熱を感じています。

数学者が、数学の能力に疑問を持ち、自分の仕事に疑問を持つことは、苦痛であり、敗北主義に思われるかもしれません。実際、私たちには驚くべき冒険でした。ほとんどの数学者が疑心暗鬼になり、主義基盤が揺らぐなら、それは大惨事でしょう。幸運なことに、そうではありません。しかし、何人かは、数学の価値を信じると同時に疑問を持つことができました。内と外に同時に立つことができ、数学的方法の力を明確

にするために、数学的方法を使うという妙技を成功させることができました。それは、一本足で立ち、自らを窮地に追い込むようなものでした！

　驚くほど劇的な話でした。超数学は、ほとんどヒルベルトによって、数学の力を確認するために、公理的方法を完全にするため、疑念すべてを晴らすために進められてきました。しかし、数学者の面前で、この超数学的努力は自爆しました。だれもが驚いたことに、これは不可能だと分かったのです。それはゲーデル、チューリング、私自身による超数学的結果、数学理論の能力および公理的方法の能力に厳しい限界をおいた不完全性定理の発見にたどり着きました。

　ある意味で超数学は大失敗でした。それが、解決するつもりだった危機を深めるのに役立っただけでした。しかし、この自己監査は、本来の目標から遠く離れた領域で、素晴らしい、全く予期しない結果を生み出しました。超数学は、私たちの時代の最も成功した技術、コンピュータの発展に大きな役割を果たしました。コンピュータは、結局、数学機械、数学をする機械にすぎません。E. T. Bell が言ったように、数学より高く舞い上がろうとする試みは、コンピュータの奥深くで終わったのです！

　超数学は、数学基礎論の支えに成功しませんでした。その代わりに、20 世紀前半の劇的な不完全性定理の発見へと導きました。それはまた、20 世紀後半に豊かな数学の新分野へと発展した、基本的新概念、計算可能性と計算不可能性、計算量とランダム性の発見をも導きました。

　これが、みなさんにお話しすることです。これは、私が個人的に関わったことであり、私も主な参加者の一人です。これは第三者的な歴史家の客観報告ではありません。これは、偏見に満ちた個人的な話になるでしょう。そこであがいて、心血を注ぎ、このすべてのために眠れもせずベッドの中で悶々としていた人間によるものです。

　何がこれらすべてを引き起こしたのでしょうか？　多くのことがありましたが、他の何より、カントールの無限集合論によって、20 世紀の数学基盤の危機が始まったと言うのが公正だと思います。実際には、これは 19 世紀末に話を戻します。カントールは、19 世紀後半に彼の理論を発展させたからです。そこで、その話から始めましょう。

カントールの無限集合理論

　さて、カントールはどのようにしてそれほど多くの問題を生み出したのでしょうか？　天才の愚直さで、自然数（非負整数）を考えたのです。

$$0, 1, 2, 3, 4, 5, \ldots$$

　彼は自問しました。「一番最後に数を付け加えてはどうか？　それを ω と呼ぼう！」 ω は、小文字のギリシア語のアルファベットの最後の文字です。自然数列は、次のようになります。

$$0, 1, 2, 3, 4, 5, ..., \omega$$

　しかし、もちろん、ここで止まりません。次の数は、$\omega+1$、$\omega+2$ となります。次のようになります。

$$0, 1, 2, 3, 4, 5, ..., \omega, \omega+1, \omega+2, ...$$

　$\omega+1$、$\omega+2$、$\omega+3$ の後には何が来るのでしょうか？　カントールは、明らかに、ω の2倍、2ω だと言います！

$$0, 1, 2, 3, 4, 5, ..., \omega, \omega+1, \omega+2, ..., 2\omega$$

　さらに、以前と同様に、$2\omega+1$、$2\omega+2$ と続けます。その次は、何が来るでしょうか？　そうです。3ω です。

$$0, 1, 2, 3, 4, 5, ..., \omega, \omega+1, \omega+2, ..., 2\omega, ..., 3\omega$$

　少し飛びますが、4ω、5ω、…と続けます。その後には何が来るでしょうか？　カントールは言います、ω の2乗だ！

$$0, 1, 2, 3, 4, 5, ..., \omega, \omega+1, \omega+2, ..., 2\omega, ..., 3\omega, ..., \omega^2$$

　それから、ω を3乗、4乗します。

$$0, 1, 2, 3, 4, 5, ..., \omega, \omega+1, \omega+2, ..., 2\omega, ..., 3\omega, ..., \omega^2, ..., \omega^3, ..., \omega^4$$

　それからどうなるのでしょうか？　カントールはこう言います。ω の ω 乗だ！

$$0, 1, 2, 3, 4, ..., \omega, \omega+1, \omega+2, ..., 2\omega, ..., 3\omega, ..., \omega^2, ..., \omega^3, ..., \omega^4, ..., \omega^\omega$$

かなり後のほうは、次のようになります。

$$0, 1, ..., \omega, \omega+1, \omega+2, ..., 2\omega, ..., 3\omega, ..., \omega^2, ..., \omega^3, ..., \omega^4, ..., \omega^\omega, ..., \omega^{\omega^\omega}$$

　これからずいぶん後のほうは、名前を挙げていくのが面倒になります。ω の冪（べき）を無限に続けるからです。これは ε_0 と呼ばれます。

$$\varepsilon_0 = \omega^{\omega^{\omega^{\cdot^{\cdot^{\cdot}}}}}$$

ε_0 は、次の方程式の最小解です。

$$\omega^\varepsilon = \varepsilon$$

さあ、このすごさがお分かりになったでしょうね。同時に悩ましいものですが、これはまだカントールの成果の半分にすぎません。彼は、無限数のもう一つの集合、基数（cardinal number）の集合も作り出しました[†]。このほうが理解困難です。カントールの序数（ordinal number）は既に示した通りです。これは、無限リストにおける位置を示します。カントールの基数は無限集合の大きさを測ります。集合とは物事の集まりにすぎず、あるものが集合に属するかそうでないかを決定する規則があります。

カントールの最初の無限基数は $\aleph_0$（アレフゼロ）で、自然数（非負整数）の集合の大きさです。$\aleph$ はヘブライ語のアルファベットの最初の文字です。次に来るのは、$\aleph_1$ です。

$\aleph_1$ は自然数の部分集合の集合の大きさで、$\pi = 3.1415926\cdots$ のような実数の全集合の大きさと同じになります。次は、$\aleph_2$ が来て、自然数の集合のすべての部分集合からなる集合のすべての部分集合からなる集合の大きさを測ります。これを続けると、次のようになります。

$$\aleph_3, \aleph_4, \aleph_5, \cdots$$

そこで、自然数の集合と、その部分集合の集合と、その部分集合の集合の部分集合全部の集合、等々の集合和を作ることができます。これはどのくらい大きいでしょうか？ そのサイズは

$$\aleph_\omega$$

です。このようにして、基数はどんどん大きくなります。カントールの基数の添え字が、カントールの序数だということにお気づきでしょうね。はるか遠くのネバーネバーランドでは、とても大きな基数が存在します。

$$\aleph_{\varepsilon_0}$$

これは、実際、非常に大きな集合の基数のサイズです！

ご存知のように、カントールは、基数に名前を付けるために、どれだけ大きな無限集合かを述べるために、序数を発明しました。

[†] ［専門家のためのメモ］ことがらを単純にするために、一般連続体仮説を仮定します。

　これが想像力の素晴らしい産物だということはお分かりでしょうが、これが数学か
と思われるかもしれません。これらの数は本当に存在するのでしょうか？ カントー
ルの同時代人の反応は極端でした。それを非常に気に入るか、非常に嫌うかどちらか
でした。「カントールがわれわれのために作った楽園から、誰もわれわれを追い出せな
い！」と著名なドイツ人数学者ヒルベルトは叫びました。他方、同じように著名なフ
ランス人数学者ポアンカレは「次の世代は、集合論を治癒できた病気と見なすだろ
う！」と断言しました。多くの人がカントールの大胆さ、極度の一般性と抽象性を賞
賛しました。しかし、次のような言葉に要約される反応を示した人も多かったのです。
「数学ではない、宗教だ！」（これは実は、カントールの理論へではなく、ヒルベルト
の非構成的研究への反応です。）

　非常に悩ましい逆説が現れ始めるのをどうしようもできませんでした。これらは、
一見妥当な集合論の推論が、明らかに虚偽である結論を導いたのです。「集合論は不毛
であり、逆説を生み出す！」とポアンカレは、ほくそ笑みました。

　この逆説のうち、最も有名な、悪名高いものが、イギリスの哲学者ラッセルによっ
て発見されました。ゲーデルはのちに「われわれの論理的［で数学的］直感が自己矛
盾であるという驚くべき事実」の発見であると述べました。ラッセルが、どのように
したのかをお話ししましょう。

ラッセルのパラドックス

　ラッセルはカントールの集合論を理解しようとしていました。カントールは、与え
られた集合の部分集合すべての集合は、もとの集合そのものより常に大きいことを示
しました。これによって、カントールは、無限基数から、次々に進んで行ったのです。
しかし、ラッセルは不幸にも、すべてを含む集合、普遍集合（universal set）の部分集
合すべてについてはどうかを自問する破目になりました（普遍集合とは、何であれそ
こに属すという性質を持った集合です）。普遍集合の部分集合すべての集合は、普遍集
合より大きくはあり得ません。普遍集合は既にすべてを含んでいるという単純な理由
からです！

　ラッセルは自問しました。与えられた集合の部分集合すべての集合は、もとの集合
より大きいというカントールの証明を普遍集合に適用したとき、何がおかしくなるの
でしょうか？ ラッセルは、カントールの証明を分析しました。この特別な場合には、
カントールの証明で鍵となるステップは、自分自身の要素とならないすべての集合の
集合を考えることだということを発見しました。証明の鍵は、この集合が自分自身の
要素かどうかを問うことです。問題は、どちらの答えも正しくないということです。自

分自身の要素であるための必要条件が、自分自身の要素でないことだからです！

　例が役にたつでしょう。すべての考え得る概念の集合は、考え得る概念です。だから、自分自身の要素です。しかし、赤い牛の集合は、赤い牛ではありません！

　それは、自分の髭を剃らない村中のすべての男の髭を剃る村の床屋のパラドックス（逆理）のようなものです。誰が床屋の髭を剃るのでしょうか？ 彼が自分の髭を剃る必要十分条件は、彼が自分の髭を剃らないことです。もちろん、この床屋の場合には簡単に解決できます。このような床屋の存在を否定するか、さもなければ、床屋は女性でなければなりません。しかし、自分自身の要素でないすべての集合についてのラッセルの集合では何がおかしいのでしょうか？

　ラッセルのパラドックスは、昔からある、嘘つきのパラドックスにより深く関連しています。これはエピメニデスのパラドックスとも呼ばれ、古代ギリシアにまでさかのぼります。次のようなパラドックスです。「この文章は虚偽だ！」 それが真である必要十分条件は、それが虚偽であることです。ゆえに、それは真でも偽でもありません！

　明らかに、どちらの場合も、パラドックスは、自己言及から発生していますが、自己言及すべてを違反とすることは、「一を挙げて百を廃す」（throwing out the baby with the bath water）愚に他なりません。実際に、自己言及は、ゲーデル、チューリング、そして後で述べる私自身の研究で、基本的役割を演じます。もっと正確に言うと、ゲーデルの仕事は嘘つきのパラドックスに関連し、チューリングの仕事はラッセルのパラドックスに関連します。私の仕事はラッセルが発表したもう一つのパラドックスに関連します。それは「ベリーのパラドックス」と呼ばれます。

　ベリーのパラドックスとは何でしょうか？ それは、20 文字以下で記述できない最初の自然数†のパラドックスです。問題は、19 文字でこの自然数を記述したばかりだということです！（この数の存在は、20 文字で記述できる自然数が有限個しかないという事実から来ます。）

　このパラドックスはベリー（G. G. Berry）の名前にちなんでいますが、彼はオックスフォード大学の Bodleian 図書館の司書でした（ラッセルはケンブリッジ大学にいました）。ラッセルは、このパラドックスはベリーの手紙で示唆されたと脚注で述べました。メキシコ人の数学史研究家 Alejandro Garciadiego はその手紙を見つけるのに手間取りました。実は、かなり違ったパラドックスだということを見つけました。ベリーの手紙は、有限個の語数で述べることのできない最初の基数について述べていま

---

†　　［訳注］原文は、It's the paradox of **the first natural number that can't be named in less than fourteen words**. 太字の部分が、13 語であることに注意。訳文は、日本語なので、文字数に変えてある。

す。カントールの理論によると、そのような基数は存在しなければなりません。しかし、有限個の語数でその数を述べたばかりでした。これは矛盾です。

こういう詳細は、みなさんにはあまり面白くないかもしれませんが、それらは私には途方もなく面白いのです。ラッセル版のベリーのパラドックスだと、私の仕事の根源が分かりますが、ベリーのパラドックスの元の版では、それが分からないからです†。

ヒルベルトの形式的システム

ご存じのように、カントールの集合論は大変な論議を呼び、ひどい攻撃も起こりました。あわれにもカントールは精神病院で人生を閉じました。

何をすべきだったのでしょうか？　一つの反応は、過剰反応とも言えますが、古い安全な推論に戻ることを唱えました。オランダ人の数学者ブラウアー（L. E. J. Brouwer）は非構成的数学をすべて放棄するよう主張しました。彼は、具体的で「宗教的」でない数学が好きでした。

例えば、数学者は、あるものごとの存在を証明するために、それが存在しないと仮定すると矛盾がもたらされることを示します。これはラテン語で *reductio ad absurdum*、一般に背理法とか帰謬法とか呼ばれます。

ブラウアーは「ナンセンス！」と叫びました。存在を証明する唯一の方法は、そのものを示すか、それを計算する方法を提供することでなければならない。実際には計算できないかもしれないが、非常に忍耐強ければ、原則として可能であるべきだ。

パラドックスに対して、数学者によっては、言葉での議論に不信を抱き、形式主義に逃げ込みました。パラドックスは、また、記号論理学を発展させ、数学を行うのに自然言語ではなく人工的な形式言語を使うきっかけを作りました。イタリアの論理学者ペアノ（G. Peano）は特にこの方面へ深く関わっていきました。ラッセルとホワイトヘッドは、三巻にわたる不朽の *Principia Mathematica* で、ペアノの先例に従い、1 + 1 = 2 の推論に一巻全部を費しました！二人は議論を大変小さいステップに分解した

---

† なぜでしょうか？ 繰り返すと、ラッセル版は、「10億語以下で記述できない正の整数」です。ベリー版は、「有限の語数で記述できないカントールの最初の超限的序数」です。第一に、ラッセル版で初めて、あることを規定するのに必要なテキストが、正確にどのくらいの長さか分かります（計算を通して規定するのに必要なプログラムの大きさ、プログラムサイズ計算量に似ています）。ベリー版は、可算無限個（$\aleph_0$）の英語の文章があり、はかりしれないほど多くの超限序数があるという事実に基づいています。ラッセルは、テキストの正確なサイズを見、ベリーは、有限かどうかに関心を向けるだけです。第二に、ラッセルは整数の記述計算量を見ています。また、みなさんがコンピュータ上で見ることのできる現実的な対象です。一方、ベリーは極端に大きな超限序数を見ていますが、それは宗教的な対象で、全く非構成的です。特に、ベリーの序数は、私が前節で示したすべての序数よりずっと大きいのですが、確かに有限語数で記述できます。この説明が役に立つはずです！

ので、1 + 1 = 2 を証明するのに、一巻の記号と言葉が必要でした[†]。驚くべき試みでしたが、ほとんどの人は多くの理由から不成功に終わるだろうと考えていました。

　ここで、ヒルベルトが、「最終解」のための劇的な提案を持って登場します。ヒルベルトの提案とは何だったでしょうか？ それは、どのようにしてみんなを満足させることができたのでしょうか？

　ヒルベルトは、窮地を脱するために二股をかけた提案をしました。まず、公理的手法と数学的形式主義でやり通そうと言いました。自然言語や直観による不確実性や曖昧さのすべてを数学から取り除こう。規則が正確かつ完全で、証明が正しいことについて不確実性が一切ない、数学をするための人工言語を作ろう。実際、証明が規則に従っているかどうかチェックするのは完全に機械的だと彼は言いました。規則が完全に構文的すなわち構造的であり、意味論すなわち数学的言明の意味付けに頼らないからです。言い換えると、証明検査アルゴリズム、つまり証明が正しいかどうかをチェックするコンピュータプログラムがあるはずだということです。ヒルベルトは、この言葉自体は使っていません。

　証明なしに受け入れられる原則である公理と公理から結果（定理）を演繹する手法である推論規則とについての合意が、あらゆる数学に対する最初の段階でした。また、空想の入り込む余地のないように、非常に明確で、詳細まで明示的に規則を定めようとしました。

　ところで、公理はなぜ証明なしに受け入れられるのでしょうか？ 伝統的な答えは、自明だからということです。私は、限りなく後戻りしないために、どこかで止まらなければならないからと言うほうが良い答えだと思います！

　ヒルベルトの提案の、もう一つの側面は何だったでしょうか？

　それは、数学すべてのための形式公理系に安全でない非構成的推論、例えば背理法による存在証明を含めることでした。しかし、形式体系の外では、直観的非形式的で、安全な構成的推論を使うことにより、ブラウワーに対しては、安全でない伝統的な手法を用いてもヒルベルトの形式公理系は問題を起さないと証明したのです！

　言い換えれば、ヒルベルトは、数学すべての完全な形式化を、あらゆる不確実性を取り除く方法と同時に、相手の方法を使って、ヒルベルトの推論方法が決して破局を招かないと納得させる方法として、描いて見せたのでした。

　したがって、ヒルベルトのプログラム、その計画は、はなはだ野心的なものでした。数学すべてを形式体系に閉じ込め、最終的に固めることは、正気ではないと思われる

[†] 彼らは、数を集合で定義し、集合を論理で定義しました。そのために、数にたどり着くまでに途方もない手間がかかったのです。

かもしれません。しかし、ヒルベルトは、数学の公理形式傾向に従い、記号論理での研究成果を使って、推論を計算に置き換えようとしただけでした。重要な点は、いったん数学の一分野が形式化されれば、それが超数学研究の主題としてふさわしくなることです。それが、組み合わせ論的対象、記号の組み合わせで処理できる一組の規則となるからです。それができることとできないこととを研究するのに数学的方法が使えます。

　これが、私の思うに、ヒルベルトのプログラムの主眼でした。彼は、「数学が、紙の上のインクのしみで遊ぶ無意味なゲームだ」とは、決して思わなかったと私は確信しています。これは、歪曲でした。彼は、数学者が日常研究において、記号論理の詳細に、証明のすべての詳細を説明する退屈さに、巻き込まれるとは考えていなかったと思います。しかし、いったん数学の一分野が形式化、脱水化され細分化されたなら、数学的顕微鏡で分析することが可能となります。

　これは実際、素晴らしいビジョンです！ 数学すべてを形式化する。相手をその推論手法で、ヒルベルトの考えを受け入れるよう説得する。なんと壮大でしょう！ この夢のような計画、ほとんどの数学者が成功してほしいと思っていたのですが、その唯一の問題点は、それが不可能だと分かったことでした。実際に、1930年代にゲーデルとチューリングがあらゆる数学を形式化するのは不可能だと証明しました。なぜでしょうか？ 本質的には、どんな形式公理系も矛盾があるか不完全かのどちらかだからです。

　矛盾や不完全はひどいように聞こえますが、それらは正確には何を意味しているのでしょうか？ 私の定義は次の通りです。

　　「矛盾した」（inconsistent）とは、嘘の定理の証明を意味し、「不完全」
　　（incomplete)とは、真の定理すべてを証明しないことを意味します。

（その当時の必要性から、ヒルベルト、ゲーデル、チューリングはいくぶん異なる定義を使いました。彼らの定義は構文的で、私の定義は意味論的です。）

　なんという結末でしょう！ 数学が形式化できないなら、公理の有限集合で十分でないなら、どこに数学的確実性があるのでしょうか？ 数学的真実はどうなるのでしょうか？ すべてが不確実、すべてが空中に残されたままです！

　それでは、ゲーデルとチューリングが、どのようにしてこのびっくりするような結論にたどり着いたかお話しましょう。二人の方法は大いに異なります。

ゲーデルの不完全性定理

　ゲーデルはどのように証明したのでしょうか？ 最初の一歩は、途方もない想像力を要したに違いありませんが、ヒルベルトは完全に間違っており、数学の通常の観点は致命的な欠陥があるかもしれないと推測することでした。ジョン・フォン・ノイマンは、ゲーデルの非常に優秀な同僚であり、ゲーデルをそのことで大変尊敬しました。というのは、ヒルベルトが間違うなんてフォン・ノイマンには思いもよらなかったからです†。

　ゲーデルは、嘘つきのパラドックスから始めました。「この文は嘘だ！」 それが本当なら、それは嘘です。それが嘘なら、それは本当です。それは、真でも偽でもあり得ません。これは数学では許されません。このままで置いておく限り、なすすべはあまりありません。

　しかし、ゲーデルは、ものごとを少し変えてみよう、「この文は証明できない！」を考えようと言いました。これは、特定の形式公理系、特定の公理集合から特定の推論規則を使ってのことと理解されます。それがこの文の文脈です。

　ここで二つの可能性があります。この文が定理であり証明可能であるか、あるいは、証明できず定理でないかです。この二つの場合を考えましょう。

　ゲーデルの文が証明可能なら何が起こるでしょうか？ それ自身が証明不可能であることを肯定するので、それは虚偽であり、現実と一致しません。虚偽の文を証明したので、非常にまずいのです。言い換えると、この文が証明可能なら、形式公理系は矛盾しており、虚偽の定理を含みます。これは大変なことです！ 虚偽の結果を引き出すのでは、私たちの定理は役に立ちません。そこで、これは起こり得ないと仮定しましょう。

　したがって、この仮説により、ゲーデルの文は証明不能です。しかし、これもよくありません。証明不能なのが、（現実に一致するという意味で）真の文だからです。かくして、形式公理理論は不完全となります！

　どちらにしても、深刻な問題です。私たちの理論が虚偽の結果を証明するか、真の結果を証明できないかです。後者のほうがましではありますが。矛盾しているか不完全かです！ おしまいです！

　技術的な注意を一つ。ゲーデルの証明が複雑なのは、今では歴史的な興味しか引かない理由のために、私がここで使っているのとは違った無矛盾性と完全性の定義を使っていたからです。

---

† この情報は Ulam の自伝によるものです。

　他に二つの問題があります。まず、どのような数学理論により、文が証明可能かどうかが分かるのでしょうか？　それが超数学です。数学そのものではありません。次に、数学の文がどのようにして自己言及できるかです？！

　ゲーデルは、非常に巧妙に、記号、意味のある文（いわゆる「適格な式」）、および、形式公理系での公理と証明に数を対応させます。このようにして、彼は、ある定理を確立するある証明が成り立つという主張を、算術的主張に変換するのです。このようにして、ある自然数（その証明のゲーデル数）が、もう一つの自然数（その定理のゲーデル数）と複雑な算術的な関係にあるという事実に変換したのです。言い換えると、ゲーデルは「xがyを証明する」ということを算術的に表現するのです。

　これは非常に巧妙な方法ですが、数学的叙述が正の整数とも考えられるという基本的な考えは、今日では、さほど驚くことには思えません。結局、すべての記号列が、現代のコンピュータでは数値で表されているからです。実際、N個の記号列は、底を256とするN桁の数、もしくは、底が2の$8N$ビットの数になります！　非常に大きな数というだけです！　ゲーデル数は、1930年代より今のほうがずっと理解しやすいのです。

　しかし、現在ゲーデルの証明で理解しにくいのは、「この文章は証明不可能です！」という自己言及の部分です。数学的文がどのように自己言及できるのでしょうか？　これには、非常な技巧を必要とします。文自身の写しを引用して含むというように直接自己言及するのではないのです。それはできないのです！　そうではなくて、間接的に自己言及します。ある手続きを実行すると、ある計算をすると、結果が、証明できないという文になるのです。見よ。それ自身が証明不可能だと主張する文になったのです。文は自分自身を計算することで、自己言及し、間接的に自分自身を含むのです。

　最終的に、ゲーデルは、証明不可能を断言するペアノ算術の文を構成したのです。それは大変難しい仕事です。非常に困難でした！　ペアノ算術は、自然数1, 2, ...と+、×、=を扱う標準的な形式公理系です。

　しかし、1931年の彼の原論文を読むと、後知恵のおかげで、ゲーデルがLISPでプログラミングしているのに、自分ではそれに気づいていなかったことが分かります。本書では、後で、理論研究のための私のお気に入りのプログラミング言語であるLISPを使って、詳細を述べます。ペアノ算術の代わりにLISPを使うと、ことは簡単です。第3章では、LISP式の不動点、つまり自分自身を値とするLISP式の構成法を示します。同じやり方を使って、証明不可能を断言する式をLISPで構成します。これは、第2章でLISPを学んだ後、第3章で述べます。

　さて、ゲーデルに戻りましょう。ゲーデルの不完全性理論はどのような効果を持つのでしょうか？　彼の同時代人はどのように受け止めたのでしょうか？　ヒルベルトは

どう考えたのでしょうか？

ゲーデルの伝記作家 John Dawson によると、ヒルベルトとゲーデルはそれについて決して議論したことがない、お互いに口をきかなかったということです。まるで良くできた小説のようです。二人とも 1930 年 9 月にケーニヒスベルグでの会議に出席しています。9 月 7 日、ゲーデルは円卓会議で、その画期的な結果を話しました。フォン・ノイマンだけが、直ちにその重要性を理解しました[†]。

その翌日、9 月 8 日にヒルベルトは、かの有名な「論理と自然の理解」と題する講演を行いました。ヒルベルトの伝記作家 Constance Reid によって感動的に書かれているように、これはヒルベルトの業績のはなばなしい終曲であり、公衆の前に現れた最後となりました。ヒルベルトの講演は次の有名な言葉で締め括られています。"Wir müssen wissen. Wir werden wissen."（われわれは知らなければならない！ われわれは知るだろう！）

ヒルベルトは退官したばかりで、非常に著名な名誉教授でしたが、ゲーデルは 20 歳そこそこで無名でした。二人はそのときもその後もお互いにしゃべりませんでした（ヒルベルトに対するゲーデルの場合より幸運なことに、私は、ゲーデルと電話で話すことができました！ その頃私は 20 歳そこそこの無名で、彼は有名人でした[††]）。

しかし、ニュースが行き渡るや、ゲーデルへの一般的反応は、衝撃的でした！ そんなことが可能なのだろうか？ 数学はどうなるのだろうか？ 数学が与えると考えられてきた絶対的確実性はどうなるのだろうか？ すべての公理を得られないとすれば、ものごとを確信できない。新しい公理を付け加えようとすれば、何の保証もなく、新公理が虚偽かもしれないので、数学は物理学のようなものになり、その場しのぎで改訂を続けなければなりません！ 基本的公理が変わるのなら、数学的真実は時間につれて変わり、私たちが考えてきたような、完全、不動、永久なものとはなりません！

有名な数学者ヘルマン・ワイル（Hermann Weyl）の反応を紹介しましょう。「われわれの（論理と）数学の究極的な基盤についての確信は、以前より揺らいでいます…「危機」があります…したがって、私は比較的「安全」と考える分野へ興味を向けていますが、これまで自分の研究を行った情熱と集中力を絶えず消耗させられています。」

しかし、時間が経つとおかしなことが起こりました。数学者としての日々の仕事においては、証明不可能であると述べているような結果には出会わないのだということに気づきました。そこで、ゲーデルを無視して、以前のように自分の仕事を続けまし

た。厄介なことに巻き込まれるところは、はるか遠く、非常に奇妙な、とても変則的なところなので、問題にしなくてもよいというわけです。

　しかし、ゲーデルの後、たった5年でチューリングは、不完全性のより深い理由、不完全性の異なった源を見つけました。チューリングは計算不可能性から不完全性を導きました。それについてお話しましょう。

チューリングの停止問題

　チューリングの1936年の卓越した論文は、コンピュータ時代の幕開けを公にしるしました。チューリングは最初のコンピュータ科学者であり、単なる理論家ではありませんでした。彼はすべて——コンピュータハードウェア、人工知能、数値解析など——に通じていました。

　チューリングがその論文で真っ先にしたことは、汎用プログラム内蔵デジタル計算機を発明することでした。彼はおもちゃのコンピュータ——チューリングマシンと呼ばれるコンピュータモデル——を発明し、実際のハードウェアは組み立てませんでした（後になって、それもしましたが）。しかし、コンピュータの発明は、1930年代にイギリス人の数学者であり論理学者であるアラン・チューリングによって行われたというのが公平でしょう。それは、実際にコンピュータが作られる何年も前であり、数学の基盤を明確にするためでした。もちろん、他にも多くの人々がコンピュータの発明に関わりました。歴史は常に複雑なものです。チューリングが賞賛に値するのは、多くの他の歴史的「真実」と同じく、あるいはそれより真実だというだけです。

　（例えば、今、チューリングマシンと呼ばれているものの発明家は、チューリングだけではありませんでした。エミール・ポストも同様の考えを独立に思いつきましたが、これは専門家だけが知っている事実です。）

　チューリングはデジタルコンピュータという考えをどう説明したのでしょうか？チューリングによれば、コンピュータは、非常に柔軟な機械、すなわちソフトなハードウェアであり、どんな機械であっても、その記述さえ与えられれば、それをシミュレート（模倣）することができます。それまで、計算機械に異なる仕事をさせるためには、配線を変更しなければなりませんでしたが、チューリングは、明白にそれを不要だとしました。

　チューリングの考えの核心は、（万能）デジタルマシンという考えでした。「計算論的普遍性」という考えについては、後にもっと述べます。さて、1936年のチューリングの論文のもう一つの大きな貢献——停止問題——についての議論に移りましょう。

　停止問題とは何でしょうか？チューリングは、コンピュータを発明するやいなや、

コンピュータを使ってなし得ないこと、どんなコンピュータでもできないことがあるかどうか検討しました。そして、すぐ答えを見つけました。別のコンピュータが停止するかどうかを前もって決定できるアルゴリズム、機械的手続き、コンピュータプログラムはありません。考え方は、プログラム P を走らせる前に、P が最終的に停止するかどうか確認するために、P を停止問題プログラム H に与えようというのです。H は、P が停止するかどうかを決定します。H が、P は停止すると言えば、私たちは P を走らせます。そうでなければ、走らせません。

　どこに問題があるのかと思うでしょうね。プログラム P を走らせて停止するかどうか確かめてください。ある定まった時間、走らせてプログラムが停止するかどうか決定するのは容易です。停止すれば、それが分かったのです。問題は、決して停止しないことをどのようにして決定するかです。何百万年も P を走らせても、それが停止するたった5分前にあきらめて、決して停止しないだろうと決定しかねません。

　（時間制限がないので、停止問題は、実際的な問題というより理論的問題です。しかし、とても具体的であり、ある意味で現実的です。機械が最終的にあることをするかどうか、あることが起こるかどうかを予想しているからです。物理学での問題のようです！）

　ループにはまってしまう、まずいプログラムを走らせるのを避ける方法があるのは良いことです。しかし、そうする方法はない、それは計算できないというチューリングの証明があるのです。

　第4章に LISP で細部まで述べている証明は、背理法（*reductio ad absurdum*）です。停止問題を解決する方法があると仮定しましょう。入力としてどんなプログラム P でも取るサブルーチン H があり、H は「停止する」か「絶対停止しない」かを返し、それが常に正しいと仮定しましょう。

　この停止問題サブルーチン H がどのような問題を起こすかを示しましょう。自己言及し、自分自身を値として計算するコンピュータプログラム P を取り上げます。これは、ゲーデルの定理を証明するために第3章で使うのと同じ自己言及のトリックです。このプログラム P が自分自身を計算したら、停止するかどうかを決定するのに停止問題サブルーチン H を使います。そこで、P は H の予想と反対のことをすることにします。H が P は停止すると言ったら、P は無限ループに入ることにし、H が P は停止しないと言ったら、P は直ちに停止することにします。そうすると、この停止問題サブルーチン H は存在し得ないということを示す矛盾に行き当たります。

　それこそ非常に単純なことが計算できないというチューリングの証明です。仕掛けは自己言及だけです。それはラッセルの、自分自身を要素としないすべての集合の集

合のようなものです。このパラドックスプログラム P が停止する必要十分条件は、停止しないことです！ P が自分自身を計算できるようにする仕掛けは、第3章で使うのと同じ不動点構成です。自分自身を値とする LISP 式です。

　以上が、停止問題の解決不可能性についてのチューリングの証明です！ 記述はともかく、実際は停止問題の計算不可能性です。この結果から、チューリングは、任意のプログラムが停止するかどうかを計算する方法がないだけでなく、この問題を解決する形式公理系を使う方法もないということを、直ちに系として導きます。なぜないのでしょうか？

　では、証明したいことの反対を仮定して、矛盾を導きましょう。

　個々のプログラムが停止するかどうかを常に証明できるなら、任意のプログラム P が最終的に停止するかどうかを計算する方法が得られるはずです。どうやってか？ P が停止する証明または絶対に停止しない証明を見つけ出すまで、大きさの順に可能な限りの証明を走らせ、ヒルベルトの証明検査アルゴリズムをそれぞれの証明に適用します。問題を解決するまで、大きさの順に、1文字、2文字、3文字と可能な証明に目を通していきます！

　もちろん、実際には、これは、とてもとても時間がかかります！ 原理的には動くはずなのですが、チューリングは、これ自体が不可能だと示しました。だから、ヒルベルトが提案したような証明検査アルゴリズムを備えた形式公理系が、真の理論だけを証明するなら、停止問題のすべての例は解決できません。言い換えると、真であるなら、形式公理系は不完全でなければなりません。

　このようにして、チューリングは計算不可能性から不完全性を導出しました。停止問題は計算不能ですから、どんな公理の有限集合も役に立ちません。

　これが、チューリングの有名な論文の否定的部分です。しかし、肯定的なメッセージもあるのです。チューリングは、理論のどんな形式化も不完全だと示すと同時に、計算の普遍形式を示します。つまり、チューリングマシンの機械語です。ゲーデルの不完全性定理のより良い証明を与えると同時に、脱出法を示します。ヒルベルトの誤りは、**証明を実行する人工言語**を唱えたことです。不完全性ゆえに、すべての形式公理系が限られた能力を持つために、うまくいきません。しかし、これは、**アルゴリズムを表現する人工言語**にはあてはまりません。計算の普遍性——ほとんどすべての計算機プログラミング言語が可能なすべてのアルゴリズムを表現できるという事実——は、実際、完全性の非常に重要な形式です！ それはコンピュータ産業全体の理論的基盤です！

　ヒルベルトは、ほとんどそれを得るところでした。彼は、曖昧さを避けるために人

工言語を使うことを唱え、形式主義を支持しました。しかし、形式主義が勝利を得た
のは、推論ではなく、計算でした！今日でも、数学者は証明の表現に自然言語を使っ
ています。しかし、プログラムを書くときには、定理を証明するときよりも気をつけ
なければなりません。Bill Thurston が述べているように、コンピュータプログラムを
うまく走らせるためには、論文の証明を書くときよりも細部にもっと注意をすること
が必要です。形式主義が勝利するところは、計算においてであり推論においてではあ
りません！

　20 世紀前半に活躍した論理学者の多くは、実は、プログラミング言語の最初の発明
者でした。ゲーデルは、次の章で学ぶ高水準言語 LISP によく似たスキーマを使い、ア
ルゴリズムを表現しました。チューリングは、低水準機械語を使いました。他の論理
学者も、別のプログラミング形式を発明しました。そのいくつかは、コンビネータや
ラムダ計算のように、今日でもなお使われています。ですから、ヒルベルトのプロジ
ェクトは輝かしい成功を納めました。ただし、推論の形式化ではなく計算の形式化で
した！

　最後に、チューリングの論文に二つのコメントがあります。

　最初に、計算の普遍性についてのウルフラム（Stephen Wolfram）です。

　「新しい科学」（A New Kind of Science）と仮に名づけられたすごい研究で、数理
物理学者で *Mathematica* の創作者であるウルフラムは、自明でない組み合わせ論的シ
ステムのほとんどは計算普遍性を持つという証拠を多数集めました。彼は「普遍性の
遍在」（ubiquity of universality）と、これを呼んでいます。私は、彼が早くこれを発
表することを望みます。彼は 10 年間それを研究しています。

　ところで、*Mthematica* は、数学をするための高水準言語です。記号計算も数値計算
も上手にこなします。ヒルベルトなら *Mathematica* を愛したことでしょう。私は大好
きです。ヒルベルトの夢を、ちょっと変わったやり方で、できる限りかなえているか
らです。数理物理学の多くを含めて、数学の多くを支配するのは、単純な形式です。そ
の体系こそ多くの数学を「知っている」のです。私は、それが人間とは乖離した存在
だが、実質的には人工知能であると思います。

　チューリングの論文についての、最後のコメントは、そこにはもっと多くのことが
あるということです。彼は、コンピュータ上での分析、π の計算、方程式の根などを
論じています。このことから、チューリングが既に数値解析について考えていたこと
が分かります。これは、数学では実数が無限の精度を持つのに、コンピュータでは精
度が有限だという事実を扱う分野です。有名な数値解析の大家である J. H. Wilkinson
は、後にチューリングと仕事をしました。それが、チューリングの論文の題名が「計

算可能数について…」である理由です。実数、何桁も永遠に続くπのような数について論じていました。

　要するに、これはすごい論文です！ それは、計算形式の完全性（普遍性）を示し、推論形式の不完全性を示し、実践的な数値解析および実践的でない計算可能性分析の両分野の開始を助けました。チューリングがいかに創造的だったかお分かりでしょう。大変な人生を送ったのです。彼は、あまりにも創造的、独創的、型破り、非世俗的でした。

　では、私の研究に行きましょう！ 不完全性、ランダム性の全く異なった起源を見てみましょう。

ランダム性と複雑性についての私の研究

　そうです、ここで私が登場するのです！ 私は10歳でした…。好奇心に溢れた子供で、スポンジみたいでした。何でも吸収せずにはいられませんでした！ 本は部屋中に積み上げられています！ 技術的細部よりもアイデアを強調する、それだけ読めば十分な本を大事にしました。一人で勉強できるからです。ニューヨーク市立図書館の大人の本を借りることを許され、コロンビア大学の本の山に入ることを許可されていました。

　私は最初、物理学と天文学、アインシュタインの理論のような物理の基礎理論、量子力学、宇宙論に興味を持ちました。しかし、物理学を理解するには、数学を知る必要があります。そこで、私は独学で数学を勉強し始めました。そして、相対性、量子、宇宙論と同じように基本的で神秘的な主題、すなわちゲーデルの定理が存在することを発見しました！ 結果として、私は数学のゲーデルに夢中になり、物理学には二度と戻りませんでした。

　ですから、私は物理学者ではなく、数学者ですが、物理学を愛し、物理学の本をたくさん読みます。安楽椅子登山家のようなものです。物理学の本をたくさん読んでいますが、自分では物理学を全くやっていません[†（次ページ）]。

　私は少し間が抜けていました。数学の基礎をめぐる論争は沈静化しつつあり、本当に興味を持っているのは、より年齢の高い世代であり、ほとんどが第二次大戦前のことであったということに気づかなかったのです。ほとんどの数学者がゲーデルの不完全性定理に肩をすくめているのに気づきませんでした。私は、それに魅せられており、重大でなければならない、重要でなければならないと考えていました。私は、みんなと違う方向にどんどん進んでいきました。

　ゲーデルの定理の証明についても不満でした。あまりに巧妙で、手品のようであり、

人工的すぎます。もっと深い理由があるのではないか、チューリングが正しい方向を示しているのではないかと考え込んでいました。

　不完全性が非常に異常な病的状況で起こるにすぎないのか、それともいたるところに現れるのかを知りたかったのです。それがどれほどまずいかを知りたかったのです！

　そして、物理学からランダム性という神秘的なアイデアを借り出して、それを超数学で使えないかという考えに取り付かれました！数学者が何が起こっているか分からないのは、おそらく何も起こっていないからではないかと思い始めました。何の構造もなく、発見すべき数学的パターンがそもそもないからではないかと疑うようになりました。ランダム性こそ推論が止まってしまうところです。それは、ものごとが偶然で、無意味で、予測不能で、理由もなく起こるという陳述なのです。

　このインスピレーションの源は何だったのでしょうか？私の目を捉えたものはたくさん、たくさんあります。

　私が子供だった頃、1920年代や1930年代の量子力学をめぐる論争は、そう遠いものではありませんでした。明らかに間違っていますが、「神は賭けをしない！」というアインシュタインの主張が耳元で大きく響いていました。神は、おそらく物理学だけでなく純粋数学においても賭けをするのではないでしょうか？それこそ私が疑い始めたことです。

　素数や双子素数を研究する基本的な整数論での統計的推論を使った優れた研究についても読みました。サイエンティフィックアメリカン誌に載ったホーキンス（D.

†　（前ページ）物理学へのこの興味から、コンピュータプログラマーのための高等理論物理学についての私の授業が生まれました。これは1985年の「数理物理学のAPL2ギャラリー：講義概要」として、*Proceeding Japan 85 APL Symposium*、日本IBM、出版番号 N:GE18-9948-0, pp.1-56 に発表されました。元々は本にするつもりでしたが、この講義は、私がIBMワトソン研究所で理論物理学グループのGordon Lasherのところにいた年の成果でした。私がワトソン研究所で1回か2回行った授業は、コンピュータには非常になれているが、高等数学や物理学のことは知らないプログラマーに、高等数理物理学の美しさを示すためのものでした。物理学の基本方程式を数量的に解き、動画を生成するコンピュータ上で動くモデルとして形式化しました。最初の話題は、ニュートンの法則に従って地球を回る軌道にある衛星でした。それから、アインシュタインによる曲がった時空の測地線としての衛星軌道を、再計算しました。次に、ブラックホールの地平線近くの一点で、アインシュタインの場の方程式を数量的に確認しました（これは動画を作らなかった唯一の話題です）。そして、EとBを含む元のマクスウェル方程式およびEとBを組み合わせて4ベクトルA□にしたものを組み込んだマクスウェルの真空方程式の現代風相対論的形式による電磁波の伝播を扱います。その次は、一次元の世界での電子の伝播と時間依存シュレジンガー方程式によるポテンシャルの散乱でした。最後に、ファインマンの経路積分（歴史の和）公式を使って同じ計算を単純化しました。教科書は、アインシュタインとインフェルトによる「物理学はいかに創られたか」でした。私のコンピュータプログラムは、章の間にはさんだ数学的な付録。大変面白くて、物理学を学ぶには素晴らしい方法でした。今、この講義をもう一度するのなら、APL2の代わりにMathematicaを使うでしょう。APL2には、基本関数が単一特殊記号で表されるので、極端に短縮されるという利点があります。APL2では、どの問題も1ページより少ないコードで、物理学の基本方程式がいかにエレガントかを示しています。私にとっては、すべてがプログラムサイズ計算量なのです！このAPL2プログラムは、私の家に飾ってあります。素晴らしい額縁に入った概念的美術です。

Hawkins）の「数学ふるい」（Mathematical sieves, 1958 年 12 月, pp.105-112）や、カック（Mark Kac）の「確率における統計的独立性」や「解析と数論」（米国数学会発行、1959 年）、あるいは、ポリヤ（G. Polya）の「数論における発見的推論」（米国数学会月報 66 巻、1959 年、pp.375-384）という論文などを読みました。

　また、E. T. Bell による偉大な数学者の感動的な伝記も読みました。それは、18 歳になるまでに、大発見ができないなら、万事終わりだと示唆しており、私は笑ってしまいました。

　そういうわけで、私は 10 代で、コンピュータのプログラミングを学び、プログラムを走らせて、新しい種類の数学を発明することを夢見ていました。それは、コンピュータプログラムの実行時間とサイズ、計算量を扱うものでした。少年時代の英雄の一人、フォン・ノイマンは常に新しい分野、ゲーム理論や自己再生（増殖）オートマトンを創始していました。やろうと思えば何でもできるのです！

　15 歳で、ランダム性つまり構造の欠如を非圧縮性によって定義するアイデアがひらめきました[†]。あらゆる N ビット列を考えましょう。それぞれを計算する最小プログラムのサイズはどうなるでしょうか？ 最大プログラムを必要とする N ビット列は、構造もパターンもありません。なぜでしょうか？ 何かを計算する簡潔なコンピュータプログラムとは、それを説明するエレガントな理論のようなものです。簡潔なプログラムがないということは、その対象が説明もパターンも持たず、ただそれだけでしかないということです。興味を引くことも、目を引くような変わった特徴もありません。

　私は、このアイデアを発展させようと努めました。18 歳で、最初の論文を書きました。19 歳の時に、*ACM Journal* に載りました。当時、それが世界で唯一の理論的コンピュータ科学に関する論文誌でした。

　この論文は、状態を尺度とするチューリングマシンプログラムと、ビットを尺度とするバイナリプログラムのサイズについてのものでした。バイナリプログラムは「自己限定」であるべきだと決定しました。ケンブリッジ大学出版局は、理論的コンピュータ科学に関するシリーズの最初の本を書いてほしいと依頼してきました。そこで、

---

†　私はいまだにその瞬間を覚えています。ブロンクス科学高校の 1 年生でしたが、コロンビア大学の特別科学プログラムへの入学試験を受けていました。それは、週末と夏に行われる才能のある子供のための科学振興プログラムでした。試験の小論文に次のような問題がありました。もし、月でピンを見つけたら、どんな結論が得られますか？ 月の上のピン！ 私はひとりごちました、それは人工的で自然ではない！ なぜか？ それはパターンすなわち構造を持ち、その記述はチューリングマシンのプログラムとして大幅に圧縮できる。それゆえ、それは偶然すなわちランダムではあり得ない。答えとして、この私の考えを書き、試験に受かり、科学特別プログラムに入れてもらいました…。最近、ウルフラムと、この話をしていて、それほど良い答えではないように思えてきました。科学理論で説明される月の任意の現象もまたこのようにして圧縮できるからです。例えば結晶です。しかし、たとえ、試験の質問に答えていなくても、とにかく良いアイデアでした！

文字を尺度とする LISP プログラムを考えました。米国のサイエンティフィックアメリカン誌、フランスの *La Recherche* 誌および英国のニューサイエンティスト誌にも論文を書くよう頼まれました。ウィーン大学の数学研究所にあるゲーデルの古い教室でも話すよう頼まれました。

　次々と事が運び、ほっとひと息をついて目を上げると、私の髪は白くなり、もう 50 代になっていました。進歩はありましたが、今なお同じアイデアを発展させ、何が現実に起こっているのかを理解しようとしています！

　回想はこのくらいにして本題に入りましょう！

　プログラムサイズ計算量、何かの計算量としてそれを計算する最小プログラムサイズを用いるアイデアで、最も興味深いことは、ほとんどすべての質問が不完全性にたどり着くことです！　どこで曲がろうと、すぐに石の壁にぶつかります。この理論では、いたるところに不完全性が現れます！

　例えば、任意の存在のプログラムサイズ計算量は計算できません。計算不能なのです。特定の対象のプログラムサイズ計算量に興味があったとしても、下限はいっさい証明できません（しかし、計算量の上限は、それを計算するプログラムを示すことにより証明できます）。さらに、ほとんどのビット列がランダムで圧縮不能であるにもかかわらず、特定のビット列がランダムだということを決して確認できません！

　私の不完全性は、ゲーデルやチューリングの不完全性と非常に異なっています。何よりも、私の場合にはつながりがベリーのパラドックスにあり、嘘つきのパラドックスともラッセルのパラドックスともつながっていません。ゲーデルは、真実なのに証明できないという特別な主張をしました。私にはできません。真実だが証明できない具体的な主張を示すことはできません。しかし、そういうことがたくさんあるということを示すことができます。硬貨を投げるだけで、真実だが証明不可能な主張を非常に高い確率で生成できることを示すことができます。

　私の研究の概要は次の通りです。公理の計算量を、導こうとする結果の計算量と比較します。結果の計算量が公理より多い（複雑）なら、公理から結果を導出することはできません。

　核心に入って第 5 章でもっと詳しく勉強する不完全性結果を眺めましょう。その前に、次のような定義が必要です。

　　同じプログラミング言語で書かれたプログラムで、同じ出力を持つそれより小さなプログラムがないとき、そのプログラムを「エレガント」と定義します。

　ここでは、特定のプログラミング言語を考えます。実際、第 5 章では LISP を使いま

す。しかし、LISP では、プログラムを走らすとは言わず、式を評価すると言います。式を評価すると値が得られ、出力は与えられません。そこで、LISP の場合には、同じ値を持つものの中で最小の LISP 式を「エレガント」と言います。

　エレガントなプログラムは、限りなく多く存在するはずです。なぜか？　どんな計算作業にも、どんな出力にも、少なくとも一つはエレガントなプログラムがあるはずだからです。

　しかし、エレガントなプログラムを一つ示すことはどうでしょうか？　あるプログラムがエレガントである、同じ出力を持つものの中で最小であると証明するには、どうするのでしょうか？

　それはできません、不可能です！　第5章の結果は次の通りです。形式公理系 A が LISP プログラムサイズ計算量 N を持つなら、$N + 356$ 文字より長い LISP 式のエレガントの証明には A を使うことができません。

　A は、有限な式のエレガントさを証明できるだけです！

　形式公理系 A の LISP プログラムサイズ計算量とは何でしょうか？　それは、証明を調べて、それが正しいかどうかを確かめ、証明を確立するかエラーメッセージを返す LISP サブルーチンのサイズです。言い換えると、A の証明チェックアルゴリズムの LISP によるサイズです。

　この不完全性結果を私はどう証明したでしょうか？

　ベリーの"B"を取って、自己参照（自己言及）LISP 式 B を次のように定義します。すなわち、

　　　　　A でエレガントだと証明され得る B より大きな最初の LISP 式の値

と定義します。LISP では、この式 B を容易に書けます。第5章で示しますが、B は $N + 356$ 文字の長さだと分かります。「エレガントだと証明され得る最初の式」とは、A での可能な限りの証明をサイズの順に並べて、N 文字の証明チェックアルゴリズムをサイズの順に適用して、最初に発見する式ということです。

　この式 B はどのように働くのでしょうか？　B は、356 文字の固定部分と、N 文字の証明チェックアルゴリズムである変動部分とからなります。B は自分自身のサイズを決定しますが、証明チェックアルゴリズムのサイズに 356 を加えて、$N + 356$ になります。そこで、B は証明チェックアルゴリズムを利用し、エレガントでサイズが $N + 356$ より大きいという証明 E に出会うまで、A ですべての可能な証明をサイズの順に調べて行きます。出会ったら、B は E を評価し、E の値を B の値として返します。

こうして B は、B より大きいエレガントな式 E と同じ値を持ちます。しかし、それは不可能です。エレガントの定義に矛盾するからです！ 解決する唯一の方法、矛盾を避ける唯一の方法は、形式公理系 A が虚偽で、虚偽の定理を証明するか、あるいは、B が E を見つけ出せないかのどちらかです。A が虚偽の定理を証明するか、あるいは、A では $N + 356$ 文字より長い LISP 式がエレガントだと決して証明できないかのどちらかです！ Q.E.D.

　自己言及がありますが、かなり弱いことに注意してください。不完全性定理を証明する逆説的 LISP 式 B における自己言及は、自分自身のサイズを知っていなければならないということです。定数 356 は手書きで B に書き込まねばなりません。それがやり方です。
　私の方式では、不完全性がより自然になることにも注意してください。みなさんにできることが、どれだけ公理に依存するかが分かるからです。公理が複雑になればなるほど、よりうまくできます。より多くを取り出すには、より多くを入れなければなりません。大きなエレガントな LISP 式を示すためには、非常に複雑な形式公理系を利用しなければなりません。
　これは大変な仕事でした！ 不完全性への三つの全く異なる方式を見てきましたが、ここで振り返って、何を意味するかを考えましょう†。

数学は準経験的か？

　ここで私の意味するところは、数学は物理学と異なるが、それほど異なるわけではないということです。数学は準経験的（quasi-empirical）だと思います。物理学とは異なりますが、全か無かの違いではなく程度の違いです。数学者が神の考え、絶対的真実へ通ずる直接の道を持っており、物理学が常に一時的で、修正を施さなければならないとは思いません。数学は物理学ほど一時的ではありませんが、どちらも同じ運

† まず警告です。不完全性の意義は何かについて私が思うところを論じます。しかし、数学とは、規則の結果に関するものではなく、創造性と想像力に関するものなので、不完全性定理は肝心の点を間違えていると論じることも可能です。−1 の平方根である虚数 i を考えましょう。この数は不可能でした。x の 2 乗は正の数でなければならないという規則を破りましたが、数学には結局有用であり、i なしよりも i のあるほうが有意義です。そこで、不完全性定理は無関係かもしれません！ 形式論を限定するからです。ゲームの規則を変えると何が起こるかについては何も言わないからです。創造的な数学者としては、与えられた規則の結論を絞り出すよりも、ゲームの規則を変える想像力のほうが重要だという観点に確かに同感します。しかし、超数学的道具で、どのように創造性と想像力を分析できるのかが分かりません。i の歴史に関しては、T. Dantzig の「科学の言葉」、または P. J. Nahin の「想像の話——$\sqrt{-1}$ の話」を見てください。

命です。どちらも人間のすることで、誤りは人間にあるのですから。

　私がこう言うと物理学者には気に入られるのですが、数学者はこれを嫌って私をクレージーと言ったり、分からない振りをしたものです。

　しかし、おかしなことが起こりました。私はもう一人ではなくなったのです。

　今や、*Experimental Mathematics*（実験数学）という論文誌があります。カナダのサイモンフレイザー大学には、実験的構成的数学センターがあります。Thomas Tymoczko は、哲学者、数学者、コンピュータ科学者の論文を載せた「数学の哲学における新しい方向」という論文集を出版し、数学の準経験的観点を支持すると述べました。うれしいことに、私の論文も二つ、この本に載っています。

　ところで、「準経験的」という名前は、Imre Lakatos によるそうです。彼は、それを Tymoczko の論文集で使っています。私は「おそらく数学は実験科学の精神で追及すべきでしょう」と言っていました。これは長ったらしいですね。「数学は準経験的だ！」と言うほうがずっと良いです。

　私はまたコンピュータ科学者が、準経験的にものごとをやるのを見てきました。彼らは、$P \neq NP$ を新しい公理として付け加えました。誰もが $P \neq NP$ が実験的証拠に基づいていると信じていますが、誰も証明できません。そして、暗号学の理論家は、誰も証明できないのに、ある種の問題が難しいと仮定しています。なぜでしょうか？ これらの問題を解決するやさしい方法を誰も見つけていないからで、これらの問題に基づく暗号を誰も解くことができないからです。

　コンピュータは数学的経験を非常に広げたので、これを処理するために、数学者はさまざまな行動を取っています。真実と思われるが証明されない仮説を今では使っています。

　おそらくゲーデルは結局正しくて、不完全性はまじめな問題なのです。数学が絶対的確実性を与えるという伝統的観点は、おそらく間違いでしょう。

　おしゃべりはこの辺で止めましょう！ コンピュータプログラミングをやってみましょう†！

---

† 　コンピュータプログラミングが嫌いな読者は、飛ばして第6章に行ってください。

第 2 章

LISP：数学アルゴリズムを表現する形式

- なぜ LISP なのか？！
- S 式、リストとアトム、空リスト
- LISP での算術
- M 式
- 再帰定義と階乗
- リストの操作：car、cdr、cons
- 条件式：if-then-else、atom、=
- quote、display、eval
- lengthとsize
- ラムダ式
- 束縛と環境
- Let-be-inとdefine
- LISP で有限集合を操作する
- 演習の LISP インタープリター実行

なぜ LISP なのか？！

　不完全性定理についての本は、記号論理学に関するもので、例えばペアノ算術のような形式公理系を述べるものとお考えでしょう。本書はそうではありません！まず第一に、推論形式は失敗し、計算形式は成功したのです。アルゴリズムを表現する、美しく高度に数学的な形式である LISP をお見せしましょう。形式公理系の代わりにLISP を示す重要な理由のもう一つは、形式公理系の内部の詳細を気にせず非常に一般的な方法で不完全性定理を証明できるからです。私にとって、形式公理系とは定理がそこから出てくるブラックボックスです。不完全性定理を得る私の方法は、非常に一般的で、私が知らなければならないのは、証明チェックのアルゴリズムの存在だけです。

　ですから、これは不完全性についてのポストモダンです！不完全性についての小冊子をもう一冊挙げるなら、それは、ナーゲルとニューマンによる「ゲーデルの証明」という本です。子供のときにとても楽しみました。記号論理についての内容は豊富ですが、計算に関しては何もありません。私の意見では、今正しい方法は、論理ではなく計算で始めることです。それが、ここでやろうとしている方法です。他のみんなと同じようにするなら、そもそも本書を書く意味はありますまい。

　LISP は「リスト処理」を意味し、1960 年頃に MIT 人工知能研究所のジョン・マッカーシーらによって考え出されました。LISP でも数値計算はできますが、実は記号計算のための言語なのです。実際、LISP は集合論、少なくとも有限集合論のコンピュータ版と言ってよいでしょう。アルゴリズムを表現するための単純だが強力な数学形式を備えています。第3、4、5 章で LISP を使い、ゲーデル、チューリング、および私の研究を詳細に述べます。ごく少数の力強い概念から始めて、そこからすべてを導きます。LISP は、私のやり方では、計算というより数学です。

　LISP は普通のつまらないプログラミング言語とはかなり違います。プログラムを実行し、走らせる代わりに、式を評価するからです。文ベースの命令型プログラミング言語ではなく式ベースの関数型プログラミング言語です。

　本書の LISP インタープリターは二つの版が私のウェブサイトにあります。一つは *Mathematica* で 300 行、もう一つは C で 1000 行です。

S式、リストとアトム、空リスト

　LISP の基本概念は、記号式すなわち S 式です。S 式とは何でしょうか？ S 式は、345 のような自然数か Frederick のような単語である**アトム**、または、アトムあるいは部

分リストからなるリストです。S 式の例を三つ挙げます。

    ()   (a b c)   (+ (* 3 4) (* 5 6))

最初の例は、空リスト()ですが、nilとも呼ばれます。二番目の例は、アトムa、b、cの三つを要素とするリストです。三番目の例は三要素のリストです。最初はアトム+、二番目と三番目は三つのアトムを要素とするリストです。リストのリストのリストのように思うままにリストを入れ子にできます。

空リスト()は、アトムでもある唯一のリストであり、要素を含みません。それは不可分であり、ギリシア語のアトムの意味そのものです。より小さい部分に分けることはできません。

リストの要素は例えば(a a a)のように繰り返せます。要素の順序を変えると、リストも変わります。そこで、要素は同じでも、(a b c)は、(c b a)と同じではありません。順序が違うからです。リストは、集合とは違います。集合は、要素を繰り返さず、順序は無関係です。

LISP では、プログラム、データ、出力などすべて S 式です。S 式は普遍的実体で、あらゆることを組み立てるのです！

LISP での算術演算

算術をする単純な LISP 式を見ましょう。例えば、3 と 4 の積を 5 と 6 の積に加える演算は次のように書けます。

    3*4 + 5*6

これを LISP に変換するには、まず、すべてを括弧に入れます。

    ((3*4) + (5*6))

次のステップは、演算子を中（中置記法）ではなく被演算子の前（前置記法）に置きます。

    (+(*34)(*56))

ここで、リストの要素を分けるため空白を使う必要があります。最終結果は次のようになります。

    (+(* 3 4)(* 5 6))

これは理解できます。または、次のような標準 LISP 記法にします。

```
(+ (* 3 4) (* 5 6))
```

リストの連続要素はみな、一つの空白で分けられます。余分な空白は無視されます。余分な括弧は無視されません。それは、S 式の意味を完全に変えます。

```
(((X)))
```

は、X と同じではありません！

LISP で算術を行うために提供される組み込み演算子、すなわち基本関数にはどんなものがあるでしょうか？ 私の LISP では、足し算+、掛け算*、引き算-、累乗^があり、比較演算子として、より小さい<、より大きい>、等しい=、以下<=、以上>=があります。LISP では自然数だけを扱うので、負の整数はありません。引き算の結果がゼロより小さければ、代わりに 0 を与えます。比較では true か false を与えます。これらの演算子は、常に二つの引数（被演算子、operand）を取ります。二つ以上の被演算子の足し算や掛け算は、複数の+と*を要します。LISP の算術式の例を値とともに示しましょう。

```
(+ 1 (+ 2 (+ 3 4)))  ==> (+ 1 (+ 2 7)) ==> (+ 1 9)==> 10
(+ (+ 1 2) (+ 3 4))  ==> (+ 3 7)        ==> 10
(- 10 7)                     ==> 3
(- 7 10)                     ==> 0
(+ (* 3 4) (* 5 6))  ==> (+ 12 30)      ==> 42
(^ 2 10)                     ==> 1024
(< (* 10 10) 101)    ==> (< 100 101)    ==> true
(= (* 10 10) 101)    ==> (= 100 101)    ==> false
```

M 式

LISP には S 式以外に、メタ式すなわち M 式もあります。S 式の便利な省略形として意図されたものです[†]。プログラマーは通常、M 式を書きます。LISP インタープリターが処理の前に S 式に変換します。M 式では、基本組み込み関数と引数とをまとめる括弧を省略します。私の LISP の組み込み関数はすべて引数の個数が一定なので、M 式記法が有効です。以前の例を M 式で示します。

```
+ 1 + 2 + 3 4    ==> (+ 1 (+ 2 (3 4)))
+ + 1 2 + 3 4    ==> (+ (+ 1 2) (+3 4))
- 10 7           ==> (- 10 7)
```

---

† ［訳注］もともとの LISP では、M 式が正式の記法であり、S 式は機械内部のデバッグなどのための記法だったという話を、昔、聞いたことがあります。

```
- 7 10            ==> (- 7 10)
+ * 3 4 * 5 6     ==> (+ (* 3 4) (* 5 6))
^ 2 10            ==> (^ 2 10)
< * 10 10 101     --> (< (* 10 10) 101)
= * 10 10 101     ==> (= (* 10 10) 101)
```

　これらの例を見ると、括弧を回復させる際の曖昧さがどこにも見当たらないことを納得できます。演算子の引数の個数さえ分かればよいのです。M式は、括弧のない、ポーランド記法の例です[†]。

　括弧を明示的に示したい場合があります。私のLISPでは、M式内でS式を明示するため、「"」（二重引用符）という記号を使います。例を次に三つ挙げます。

```
"(+ + +)       ==> (+ + +)
("+ "- "*)     ==> (+ - *)
+ "* "^        ==> (+ * ^)
```

　二重引用符を使わないと、上の演算子は引数を持たなければなりません。ここでは、記号として使われているだけです。しかし、妥当な演算式ではないから役に立つS式ではありません。

再帰定義と階乗

　では、完全なLISPプログラムの、伝統的な最初の例を示しましょう。後に、もっとくわしく説明します。LISPで階乗をどう定義するかを示します。階乗とは何でしょうか？ N の階乗は、通常 $N!$ と記します。1から N までの自然数すべての積です。LISPでは、階乗を再帰的に定義します。

```
(define (fact N)(if (= N 0)[then] 1
                           [else](* N (fact (- N 1)))))
```

　コメントは角括弧[]に入れられます。これは、S式での定義です。もっと便利なM式では次のように書かれます。

```
define (fact N)
       if = N 0 [ then ] 1
                [ else ] * N (fact - N 1)
```

　階乗関数factは、一つの引数 N を持ち、次のように定義されます。N が0に等しいなら、N の階乗は1となります。そうでなければ、N の階乗は $N-1$ の階乗の N 倍

---

† 　これはポーランドの論理学者と集合論理論家の優秀な学派によります。

です。

　この定義を使うと、(fact 4)は、次のように変形されます

```
(fact 4) ==> (* 4 (fact ))
         ==> (* 4 (* 3 (fact 2)))
         ==> (* 4 (* 3(* 2 (fact 1))))
         ==> (* 4 (* 3(* 2(* 1 (fact 0)))))
         ==> (* 4 (* 3(* 2(*1 (* 1 1))))
         ==> (* 4(* 3 (*2 (* 1 (* 2 1)))
         ==> (* 4(* 3 2))
         ==> (* 4 6)
         ==> 24
```

　LISP では、どのように計算するかを示すのではなく、関数を定義します。LISP の
インタープリターの仕事は、その定義を使ってどう計算するかです。ループの代りに
再帰を使います。一般的に、複雑な場合をより簡単な場合に分けていき、最後には自
明な答えに帰着させます。

リストの操作：car、cdr、cons

　これまで述べてきた例はすべて数の演算です。しかし、LISP は、記号処理のための
ものです。記号のリストをばらばらにしたり、まとめる演算です。数式の代わりにリ
スト式を示しましょう。

　carとcdrはリストをばらばらにする操作のおかしな名前です。これらの名前には
歴史的理由がありましたが、もはや意味を持ちません[†]。今なら、carではなくhead
またはfirst、cdrをtailまたはrestと名づけたでしょう。carは、リストの最初の
要素を返し、cdrは、最初の要素を除いた残りを返します。consは、carやcdrの逆
操作で、headをtailに、すなわち、要素をリストの先頭に付け加えます。S式で書か
れた例を次に示します。

```
(car (' (a b c)))              ==>  a
(cdr (' (a b c)))              ==>  (b c)
(car (' ((a) (b) (c))))        ==>  (a)
(car (' (a)))                  ==>  a
(cdr (' (a)))                  ==>  ()
(cons (' a) (' (b c)))         ==>  (a b c)
(cons (' (a)) (' ((b) (c))))   ==>  ((a) (b) (c))
(cons (' a ) (' ()))           ==>  (a)
```

---

†　［訳注］CARとCDRは、Contents of the Address part of Register number および Contents of the Decrement
　part of Register number の頭文字を取ったものです。最初に LISP が実装された IBM704 計算機のワード
　の構成からきたものです。「LISP 入門」（黒川利明、培風館、1982 年）に記事が載っています。

```
(cons (' a) nil)                    ==>  (a)
(cons a nil)                        ==>  (a)
```

おそらく M 式のほうが理解が容易でしょう。

```
car '(a b c)             ==>   a
cdr '(a b c)             ==>   (b c)
car '((a) (b) (c))       ==>   (a)
cdr '((a) (b) (c))       ==>   ((b) (c))
car '(a)                 ==>   a
cdr '(a)                 ==>   ()
cons 'a '(b c)           ==>   (a b c)
cons '(a) '((b) (c))     ==>   ((a) (b) (c))
cons 'a '()              ==>   (a)
cons 'a nil              ==>   (a)
cons a nil               ==>   (a)
```

　説明を加えます。「'」の機能は何でしょうか？ その被演算子がデータであり、評価される式ではないことを示します。言い換えると、「'」の意味するのは「文字通りこれ」です。nilの値は()だということも分かります。空リストと名づけるほうがなじみ深いでしょう。また、最後の例では、aは引用されていません。すべてのアトムがそれ自身を初期値とします。値()を持つnilを除いて、すべてのアトムの初期値は自分自身です。アトムを関数のパラメータとして使うか、関数の引数の値に束縛すると、これが変わります。数は常に、自分自身を値とします。

　他の例を挙げましょう。こんどは M 式です。演算は、内側から外側への順序であることに注意。

```
car                     '(1 2 3 4 5)   ==>   1
car cdr                 '(1 2 3 4 5)   ==>   2
car cdr  cdr            '(1 2 3 4 5)   ==>   3
car cdr  cdr  cdr       '(1 2 3 4 5)   ==>   4
car cdr  cdr  cdr  cdr '(1 2 3 4 5)   ==>   5
cons 1 cons 2 cons 3 cons 4 cons 5 nil  ==> (1 2 3 4 5)
```

　このようにして、リストの二番目、三番目、四番目、五番目の要素を得ます。これらの操作は、LISP では非常によく出て来るので、普通 *cadr*、*caddr*、*cadddr*、*caddddr*などcarとcdrの省略した組み合わせを使います。私の LISP では、リストの二番目と三番目の要素に対して、**cadr**と**caddr**を与えるだけです。

条件式：`if then else`、`atom`、`=`

次に、階乗の定義に使った3引数関数`if-then-else`の説明を詳しくしましょう。

```
(if predicate then-value else-value)
```

これは、論理条件すなわち述語を使い、二つの値のどちらかを選びます。言い換えると、関数を場合分けで定義する方法です。述語が真なら`then-value`が評価され、述語が偽なら`else-value`が評価されます。選択されない式は、評価されません。そこで、`if-then-else`と「'」は、引数を評価しないという点で普通ではありません。「'」は、決して、引数を評価しません。`if-then-else`は三つの引数のうち二つを評価するだけです。これらは擬似関数であり、普通の関数と同じように書かれてはいても、正規の関数ではありません。

`if-then-else`の述語としては、何が使われるでしょうか？ 数の処理を行うためには、数の比較演算子、`<`、`>`、`<=`、`>=`、`=`です。S式の処理では、二つの述語、`atom`と`=`です。`atom`は、その一つの引数がアトムかどうかで、真か偽になります。二つのS式が同一かどうかで、`=`は真か偽になります。S式の例を示します。

```
(if (= 10 10) abc def)                ==>  abc
(if (= 10 20) abc def)                ==>  def
(if (atom nil)          777 888)      ==>  777
(if (atom (cons a nil)) 777 888)      ==>  888
(if (= a a) X Y)                      ==>  X
(if (= a b) X Y)                      ==>  Y
```

`quote`、`display`、`eval`

繰り返すと、`quote`（'）は、引数を決して評価しません。「'」は、その被演算子がデータであり、評価される式ではないことを示しています。言い換えると、「'」は「文字通りこれである」ということを意味します。「"」は、M式にS式を入れるためのものです。「"」は、M式のこの部分に括弧を明示的に与えることを示します。例えば、次の三つのM式、

```
'+ 10 10    '"(+10 10)    '("+ 10 10)
```

はすべて同じS式、

```
(' (+ 10 10))
```

を表し、値は、`(+ 10 10)`となり、20ではありません。

　displayは、最終的な値でなく中間の値を得るのに役立ちます。同一性関数であり、値は引数の値と同じですが、引数を表示する副作用があります。M式の例を次に挙げます。

```
car display cdr display cdr display cdr ' (1 2 3 4 5)
```

は

```
(2 3 4 5)
(3 4 5)
(4 5)
```

を示し、値4を与えます。

　evalは構成した式の独立評価を与えます。例えば、

```
eval display cons "^ cons 2 cons 10 nil
```

は、(^ 2 10)を表示し、値1024を出します。これは、LISP がインタープリターであり、コンパイルされないからです。LISP 式を機械言語に翻訳して走らせる代わりに、LISP インタープリターは、常に評価を行い、結果を印刷します。evalの引数が、常に、その時点の環境においてではなく、何もなされていない最初の環境で評価されることは、非常に重要です。すなわち、nilが()という束縛しかありません。他のすべてのアトムは自分自身を値とします。言い換えると、evalで評価される式は自己充足的でなければなりません。これは重要なことです。evalの結果は、使われる環境に依存しないからです。同じ引数には、同じ値を常に返します。

length と size

　S式がどのくらい大きいか測る方法は、二つあります。lengthは、リストの要素の数を返します。sizeは、標準表記でのS式の文字数を返します。リストの要素を区別するには一つの空白を使います。例えば、M式では次のようになります。

```
length '(a b c)   ==>   3
size '(a b c)     ==>   7
```

　(a b c)のsizeは7だということに注意。sizeが引数を評価するので、「'」は消えるからです†。

---

†　そうでなければ、sizeは(' (a b c))で11です。

ラムダ式

次のように関数を定義します。

```
(lambda (list-of-parameter) function-body) function-body)
```

例えば、次に逆順序の組を作る関数を挙げます。

```
(lambda (x y) (cons y (cons x nil)))
```

関数は、引数を位置で決めて取ります（ここではＭ式に変えます）。

```
('lambda (x y) cons y cons x nil A B)  ==>  (B A)
```

f が上の関数定義に束縛されたなら、次のように使えます

```
(f A B)  ==>  (B A)
```

（一般的に、関数部分は引数評価より前に評価され、次にパラメータが引数の値に束縛され、それから、関数本体が、この新しい束縛環境で評価されるということです。）*f* をこの関数定義に束縛するにはどうしたらよいのでしょうか？ 次のようにすると永続的になります。

```
define (f x y) cons y cons x nil
```

(f A B)は、(B A)を与えます。次のようにすると局所的になります。

```
('lambda  (f) (f A B)   'lambda (x y) cons y cons x nil)
```

これもまた(B A)を与えます。この例を理解できたなら、私のLISPすべてを理解したことになります！ これは、二つの要素を持つリストであり、関数を使って評価される式と関数の定義とからなります。階乗は次のようになります。

```
(
 'lambda (fact) (fact 4)
 'lambda (N) if = display N 0 1 * N (fact - N 1)
)
```

これは4、3、2、1および0を表示し、値として24を出します。この最後の例は理解してください。LISPがどのように働くかを、実際に示しているからです。

束縛と環境

　（組み込み基本関数ではなく）定義された関数をもっと注意して見ましょう。関数を定義するためには、引数の値に名前を付けます。これらの名前はパラメータと呼ばれます。また、関数の本体、つまり、最終値をどう計算するかを指示します。関数定義の範囲内で、パラメータは引数値に束縛されます。

　次に例を挙げます。関数は何もせずに引数を返します。

```
('lambda (x y) x 1 2)  ==>   1
('lambda (x y) y 1 2)  ==>   2
```

　なぜでしょうか？　関数定義内で、x は 1 に y は 2 に束縛されているからです。しかし、それ以前の束縛は、x と y の束縛を除いて、まだ効力を持ちます。既に述べたように、初めの何もない環境では、nil を除いたすべてのアトムはそれ自身に束縛されます。nil は () に束縛されます。また、数は最初から定数になります。

let-be-in と define

　関数と変数の局所束縛は、ありふれたことなので、ラムダ式の省略形を導入します。変数と値の束縛を次のように書きます。

```
(let variable [be] value [in] expression)
```

関数名と定義の束縛を次のように書きます。

```
(
 let (function-name parameter 1 parameter 2...)
 [be] function-body
 [in] expression
)
```

　例えば（ここで M 式に変えます）、

```
let x 1  let y 2  + x y
```

は 3 を返します。

```
let (fact N) if = N 0 1 * N (fact - N 1)
(fact 4)
```

は 24 を返します。

　define には let-be-in 同様、変数定義と関数定義の二つがあります。

```
(define variable [to be] value)
(
 define (function-name parameter1 parameter2...)
 [to be] function-body
)
```

　defineの有効範囲は定義したところからLISPのインタープリター実行の最後、すなわち再定義されるまでです。例えば

```
define x 1
define y 2
```

とすると、+ x yは3を与えます。

```
define (fact N) if = N 0 1 * N (fact - N 1)
```

（fact 4）は24を与えます。

　defineは「最上位」でしか使われません。S式内にdefineを入れることはできません。言い換えると、defineは、本当は私のLISPにはありません。実は、すべての束縛が局所的であり、let-be-inすなわちラムダ束縛です。M式同様、defineやlet-be-inは、プログラマーにとっては便利ですが、正式には私のLISPにはありません。ラムダ式や一時的局所束縛しかありません。なぜでしょうか？　理論上、各LISP式は、完全に自己充足的であり、必要な定義は局所的だからです！　なぜでしょうか？そうすれば、与えられた値、例えばLISPプログラム計算量を持つ、最小式のサイズが、環境に左右されないからです。

LISPで有限集合を操作する

　そうです、これが私のLISPのすべてです！　とても単純な言語ですが、強力です。少なくとも、理論的な目的には。

　説明のために、有限集合——リストではなく集合です——の操作の仕方を示しましょう。有限集合での基本的な集合論演算をすべてLISPで定義しましょう。集合では、順序は関係なく、どの要素も繰り返されないことを思い出してください。

　まず、LISPで、集合のメンバーシップ述語をどう定義するか考えましょう。この関数member?は、二つの引数——S式およびS式の集合——を取ります。S式が集合の要素ならtrueを、そうでなければfalseを返します。自分自身を呼び出すたびに集合sは小さくなります。

```
define (member? e s) [is e in s?]
 if atom s false [if s is empty, then e isn't in s]
[if e is the first element of s, then it's in s]
 if = e car s true
[otherwise, look if e is the rest of s]
 (member? e cdr s) [call itself!]
```

　こうして(member? '(1 2 3)はtrueになります。(member? 4 '(1 2 3)はfalseになります。

　これを言葉で述べましょう。eがsの要素であるとは次のように定義されます。最初に、sが空なら、eはsのメンバーではありません。次に、もしeがsの最初の要素なら、eはsのメンバーです。eがsの最初の要素ではなく、eがsの残りの集合のメンバーなら、sのメンバーです。

　今度は、二つの集合の共通部分を求めます。つまり、共通した、両方の集合にある要素すべての集合です。

```
[elements that two sets have in common]
 define (intersection s t)
[if the first set is empty, so is the intersection]
 if atom s nil
 if (member? car s t) [is the first element of s in t?]
[if so]    cons car s (intersection cdr s t)
[if not]            (intersection cdr s t)
```

(intersection '(1 2 3) '(2 3 4))は、(2 3)を与えます。

　次に共通集合の双対である、集合の和、つまりどちらかの集合の要素すべての集合を求めます。

```
[elements in either of two sets]
 define (union s t)
[if the first set is empty,
 then the union is the second set]
 if atom s t
 if (member? car s t) [is the first element of s in t?]
[if so]            (union cdr s t)
[if not]    cons car s (union cdr s t)
```

(union '(1 2 3) '(2 3 4))は(1 2 3 4)になります。

　では、いくつか演習をしてみましょう。まず、ある集合が他の集合に含まれるかどうか調べる、下位集合述語を定義してください。それから、ある集合sから別の集合tを差し引いた、相対補集合を定義してください。それはtにないsの要素すべての集合です。集合のリストの合併であるunion1を定義してください。次に、二つの集合の直

積（デカルト積）を定義してください。これは、一番目の要素は一番目の集合から、二番目の要素は二番目の集合から持ってくる、順序対の集合です。最後に、与えられた集合の下位集合すべてを定義してください。ある集合が N 個の要素を持っていると、その下位集合すべての集合は 2^N 個の要素を持ちます。

　演習の答は、次の節の LISP 実行に載せてあります。自分で演習をやるまでは、見ないように！

　演習ができたら、ゲーデルの不完全性定理と停止問題が解決不能だというチューリングの定理を証明するために、LISP を使う用意がやっとできました！ 第3章では、LISP での不動点をどうするかから始めます。自分自身をその値とする LISP 式のことです。私が説明する前に、どうすればよいか分かりますか？

演習の LISP インタープリター実行

LISP Interpreter Run

```
[[[[[

 Elementary Set Theory in LISP (finite sets)

]]]]]

[Set membership predicate:]

define (member? e[lement] set)
   [Is set empty?]
   if atom set [then] false [else]
   [Is the element that we are looking for the first element?]
   if = e car set [then] true [else]
   [recursion step!]
   [return] (member? e cdr set)

define     member?
value      (lambda (e set) (if (atom set) false (if (= e (car
           set)) true (member? e (cdr set)))))


(member? 1 '(1 2 3))

expression (member? 1 (' (1 2 3)))
value      true
```

(member? 4 '(1 2 3))

```
expression  (member? 4 (' (1 2 3)))
value       false
```

[Subset predicate:]

```
define (subset? set1 set2)
   [Is the first set empty?]
   if atom set1 [then] true [else]
   [Is the first element of the first set in the second set?]
   if (member? car set1 set2)
      [then] [recursion!] (subset? cdr set1 set2)
      [else] false
```

```
define      subset?
value       (lambda (set1 set2) (if (atom set1) true (if (memb
            er? (car set1) set2) (subset? (cdr set1) set2) fal
            se)))
```

(subset? '(1 2) '(1 2 3))

```
expression  (subset? (' (1 2)) (' (1 2 3)))
value       true
```

(subset? '(1 4) '(1 2 3))

```
expression  (subset? (' (1 4)) (' (1 2 3)))
value       false
```

[Set union:]

```
define (union x y)
   [Is the first set empty?]
   if atom x [then] [return] y [else]
   [Is the first element of the first set in the second set?]
   if (member? car x y)
      [then] [return] (union cdr x y)
      [else] [return] cons car x (union cdr x y)
```

```
define     union
value      (lambda (x y) (if (atom x) y (if (member? (car x)
           y) (union (cdr x) y) (cons (car x) (union (cdr x)
           y)))))
```

```
(union '(1 2 3) '(2 3 4))
```

```
expression  (union (' (1 2 3)) (' (2 3 4)))
value       (1 2 3 4)
```

[Union of a list of sets:]

```
define (unionl l) if atom l nil (union car l (unionl cdr l))
```

```
define     unionl
value      (lambda (l) (if (atom l) nil (union (car l) (union
           l (cdr l)))))
```

```
(unionl '((1 2) (2 3) (3 4)))
```

```
expression  (unionl (' ((1 2) (2 3) (3 4))))
value       (1 2 3 4)
```

[Set intersection:]

```
define (intersection x y)
   [Is the first set empty?]
   if atom x [then] [return] nil [empty set] [else]
   [Is the first element of the first set in the second set?]
   if (member? car x y)
      [then] [return] cons car x (intersection cdr x y)
      [else] [return] (intersection cdr x y)
```

```
define     intersection
value      (lambda (x y) (if (atom x) nil (if (member? (car x
           ) y) (cons (car x) (intersection (cdr x) y)) (inte
           rsection (cdr x) y))))
```

```
(intersection '(1 2 3) '(2 3 4))
```

expression   (intersection (' (1 2 3)) (' (2 3 4)))
value   (2 3)

[Relative complement of two sets x and y = x - y:]

```
define (complement x y)
    [Is the first set empty?]
    if atom x [then] [return] nil [empty set] [else]
    [Is the first element of the first set in the second set?]
    if (member? car x y)
        [then] [return] (complement cdr x y)
        [else] [return] cons car x (complement cdr x y)
```

define   complement
value   (lambda (x y) (if (atom x) nil (if (member? (car x
) y) (complement (cdr x) y) (cons (car x) (complem
               ent (cdr x) y)))))


```
(complement '(1 2 3) '(2 3 4))
```

expression   (complement (' (1 2 3)) (' (2 3 4)))
value   (1)

[Cartesian product of an element with a list:]

```
define (product1 e y)
    if atom y
        [then] nil
        [else] cons cons e cons car y nil (product1 e cdr y)
```

define   product1
value   (lambda (e y) (if (atom y) nil (cons (cons e (cons
               (car y) nil)) (product1 e (cdr y)))))


```
(product1 3 '(4 5 6))
```

expression   (product1 3 (' (4 5 6)))
value   ((3 4) (3 5) (3 6))

[Cartesian product of two sets = set of ordered pairs:]

define (product x y)
   [Is the first set empty?]
   if atom x [then] [return] nil [empty set] [else]
   [return] (union (product1 car x y) (product cdr x y))

define   product
value   (lambda (x y) (if (atom x) nil (union (product1 (c
             ar x) y) (product (cdr x) y))))

(product '(1 2 3) '(x y z))

expression   (product (' (1 2 3)) (' (x y z)))
value   ((1 x) (1 y) (1 z) (2 x) (2 y) (2 z) (3 x) (3 y) (
             3 z))

[Product of an element with a list of sets:]

define (product2 e y)
   if atom y
      [then] nil
      [else] cons cons e car y (product2 e cdr y)

define   product2
value   (lambda (e y) (if (atom y) nil (cons (cons e (car
             y)) (product2 e (cdr y)))))

(product2 3 '((4 5) (5 6) (6 7)))

expression   (product2 3 (' ((4 5) (5 6) (6 7))))
value   ((3 4 5) (3 5 6) (3 6 7))

[Set of all subsets of a given set:]

```
define (subsets x)
    if atom x
      [then] '(()) [else]
      let y [be] (subsets cdr x) [in]
      (union y (product2 car x y))

define      subsets
value       (lambda (x) (if (atom x) (' (())) ((' (lambda (y)
            (union y (product2 (car x) y)))) (subsets (cdr x))
            )))


(subsets '(1 2 3))

expression  (subsets (' (1 2 3)))
value       (() (3) (2) (2 3) (1) (1 3) (1 2) (1 2 3))

length (subsets '(1 2 3))

expression  (length (subsets (' (1 2 3))))
value       8

(subsets '(1 2 3 4))

expression  (subsets (' (1 2 3 4)))
value       (() (4) (3) (3 4) (2) (2 4) (2 3) (2 3 4) (1) (1 4
            ) (1 3) (1 3 4) (1 2) (1 2 4) (1 2 3) (1 2 3 4))

length (subsets '(1 2 3 4))

expression  (length (subsets (' (1 2 3 4))))
value       16

End of LISP Run

Elapsed time is 0 seconds.
```

第 3 章

不完全性定理についてのゲーデルの証明

●不動点を示す LISP 実行と、ゲーデルの不完全性定理の証明を説明する LISP 実行とを論じる。

不動点、自己言及、および自己再生産

それでは、LISP を動かしましょう！ まず、ゲーデルとチューリングの証明の核心である技法、自己言及について説明しましょう。

どのようにして、LISP 式に自分自身を知らしめるのでしょうか？ 仕掛けが分かれば、とても簡単です！ xを(('x)('x))にする LISP 関数f(x)を考えましょう。その引数xは 1 変数関数のラムダ式であると仮定し、xをxに適用する表現を形成します。それを評価するのではなく、作り出すのです。実際に、xをxに適用するのではありません。そうする式を作り上げるのです。

この式(('x)('x))を評価しようとするなら、xがプログラムであると同時にデータであり、能動的かつ受動的なことに気づきます。

では、具体的にxを選び、ƒを使ってxを(('x)('x))の中に埋め込み、その結果を実行評価しましょう！ さて、どのxをƒに適用しましょうか？ それは、なんとƒ自身なのです！

さて、ƒにƒを適用すると何になるのでしょうか？ それはƒに適用されたƒです。出発点です！ ƒに適用されたƒは自己再生 LISP 式です！

関数として使われた最初のƒを、生体と考えることができます。二番目のƒ——二度コピーされたもの——は遺伝子です。言い換えると、最初のƒが生体で、二番目のƒはその DNA です！ これを覚えるには、生物学で考えるのが最良の方法だと思います。生物学の場合と同じく、生体が直接自分自身をコピーすることは不可能です。しかし、自分自身の記述を含む必要があります。自己再生産関数ƒは自分自身をコピーできません（自分自身を読み取ることができないからです）。それは、人間も同じです）。したがって、ƒには、（受身的な）自分自身のコピーを与える必要があります。生物学的隠喩はきわめて正しいのです！

次節では、これが実際に働く LISP 実行を示します。複合体はたった一つで、これが LISP で自己再生します。実際の生命でのように、生体が存在する環境に依存します。

(f f)はƒの定義を持つ環境で作用します。これはちょっとしたごまかしです！ 私が望むのは、自己を再生産する独立型の LISP 式です。しかし、ƒは、それ自体の独立型の版を生成します。それは、実際の自己再生式です。(f f)は、ふさわしい環境（つまり、感染する細胞の中）だけで作用するウィルスのようなものです。あまりに単純すぎて、自分の中で作用できないのです。

それでは、これらすべてを説明する LISP 実行を示します。みなさんの気に入り、LISP を学ぶ価値があったと納得してもらえるといいのですが！ この LISP 実行の後で、ゲーデルの証明を示します。

LISP 不動点

LISP Interpreter Run

[[[[[

A LISP expression that evaluates to itself!

Let f(x): x -> (('x)('x))

Then (('f)('f)) is a fixed point.

]]]]]

[Here is the fixed point done by hand:]

```
(
'lambda(x) cons cons "' cons x nil
           cons cons "' cons x nil
                nil

'lambda(x) cons cons "' cons x nil
           cons cons "' cons x nil
                nil
)
```

expression ((' (lambda (x) (cons (cons ' (cons x nil)) (cons
            (cons ' (cons x nil)) nil)))) (' (lambda (x) (cons
            (cons ' (cons x nil)) (cons (cons ' (cons x nil))
            nil)))))
value   ((' (lambda (x) (cons (cons ' (cons x nil)) (cons
            (cons ' (cons x nil)) nil)))) (' (lambda (x) (cons
            (cons ' (cons x nil)) (cons (cons ' (cons x nil))
            nil)))))

[Now let's construct the fixed point.]

define (f x) let y [be] cons "' cons x nil   [y is ('x)   ]
             [return] cons y cons y nil   [return (('x)('x))]

define   f
value   (lambda (x) ((' (lambda (y) (cons y (cons y nil))))
) (cons ' (cons x nil))))

[Here we try f:]

(f x)

```
expression  (f x)
value       ((' x) (' x))
```

[Here we use f to calculate the fixed point:]

(f f)

```
expression  (f f)
value       ((' (lambda (x) ((' (lambda (y) (cons y (cons y ni
            l)))) (cons ' (cons x nil)))))) (' (lambda (x) (('
            (lambda (y) (cons y (cons y nil)))) (cons ' (cons
            x nil))))))))
```

[Here we find the value of the fixed point:]

eval (f f)

```
expression  (eval (f f))
value       ((' (lambda (x) ((' (lambda (y) (cons y (cons y ni
            l)))) (cons ' (cons x nil)))))) (' (lambda (x) (('
            (lambda (y) (cons y (cons y nil)))) (cons ' (cons
            x nil))))))))
```

[Here we check that it's a fixed point:]

= (f f) eval (f f)

```
expression  (= (f f) (eval (f f)))
value       true
```

[Just for emphasis:]

= (f f) eval eval eval eval eval eval (f f)

```
expression  (= (f f) (eval (eval (eval (eval (eval (eval (f f)
            )))))))
value       true

End of LISP Run

Elapsed time is 0 seconds.
```

LISP における数学

　ではこれから、ゲーデルの証明に移りましょう！

　チューリングの証明と私の証明とは、対象である形式公理系の内部構造に依存しませんが、ゲーデルの証明は依存しています。ゲーデルでは、自分の手を汚し、車のフードを開け、エンジン周りに頭をつっ込む必要があります！ 実際、彼がしなければならないのは、レベルを混乱させ、理論と超理論を結合することです。そうやって、自分を証明できないと言う理論における言明を構築するのです。

　ゲーデルの本来の証明では、初等数論のための形式公理系であるペアノ算術を用いました。これは、自然数と加算、乗算、および等号からなる理論です。そこで、ゲーデルは、ゲーデル番号を使って超数学を算術化しました。すなわち、数値述語 $Dem(p, t)$ が真である必要十分条件が、p が証明の番号で、p が証明する定理の番号を t となるよう Dem を構成しました。

　ゲーデルが行ったのは、とても大変な仕事でした！ 私はそうせずに LISP を使います。私たちは、S 式を使って超数学的主張を表す方法を必要とします。S 式を使って、証明と定理を表現する必要があります。もし、x が妥当な証明でないなら、空リスト nil を返し、x が妥当な証明なら、実証された定理を返す、LISP 関数(valid-proof? x)を構成しなければなりません。実際に、LISP 関数、valid-proof?を定義したり、プログラムすることは行いません。形式公理系の「国内問題」には関わりたくないのです。もっとも、それは難しくないですね。なぜでしょうか？

　それは、ゲーデル数で証明を表すのが難しいのに対して、S 式は非常に自然だからです。S 式は、明白な構文、括弧によって構造を完全に示す記号表現です。LISP 関数を使って、証明チェックアルゴリズムを書くのは容易です。LISP はこのようなアルゴリズムを表す自然言語です。

　したがって、LISP 関数(valid-proof? x)の定義があるものと仮定しましょう。また、研究している形式公理系は、その中で S 式、および S 式の値について述べるも

のだと仮定しましょう。それでは、自分が証明できないと主張する LISP 式を、どのように構成するのでしょうか？

　何よりもまず、S式yが証明できないことをどのように述べるのでしょうか？ すべてのS式xに対して、(valid-proof? x) がyと等価とは限らないという表現でよいのです。簡単です。これを肯定する述語をis-unprovableと呼びましょう。次に必要なのは以下のことです。(is-unprovable (value-of XXX)) という形式の LISP 式がいります。その LISP 式XXXを評価すると、この式全体が返ります。(私たちが LISP 式と、形式公理系の中でのその値について論ずると仮定しているということをはっきりさせるために、value-ofはlisp-value-ofと呼んだほうが適切でしょう。)

　さて、ほとんど終わりです、前に使った不動点技法をもう少し複雑に使わなければなりません。次のようになります。

LISP によるゲーデルの証明

LISP Interpreter Run

[[[[[

A LISP expression that asserts that it itself is unprovable!

Let g(x): x -> (is-unprovable (value-of (('x)('x))))

Then (is-unprovable (value-of (('g)('g))))
asserts that it itself is not a theorem!

]]]]]

```
define (g x)
   let (L x y) cons x cons y nil [Makes x and y into list.]
   (L is-unprovable (L value-of (L (L "' x) (L "' x))))
```

```
define    g
value     (lambda (x) ((' (lambda (L) (L is-unprovable (L va
          lue-of (L (L ' x) (L ' x)))))) (' (lambda (x y) (c
          ons x (cons y nil)))))))
```

[Here we try g:]

(g x)

```
expression  (g x)
value       (is-unprovable (value-of (('  x) ('  x))))
```

[
 Here we calculate the LISP expression
 that asserts its own unprovability:
]

(g g)

```
expression  (g g)
value       (is-unprovable (value-of ((' (lambda (x) ((' (lamb
            da (L) (L is-unprovable (L value-of (L (L ' x) (L
            ' x)))))) (' (lambda (x y) (cons x (cons y nil))))
            ))) (' (lambda (x) ((' (lambda (L) (L is-unprovabl
            e (L value-of (L (L ' x) (L ' x)))))) (' (lambda (
            x y) (cons x (cons y nil)))))))))))
```

[Here we extract the part that it uses to name itself:]

cadr cadr (g g)

```
expression  (car (cdr (car (cdr (g g)))))
value       ((' (lambda (x) ((' (lambda (L) (L is-unprovable (
            L value-of (L (L ' x) (L ' x)))))) (' (lambda (x y
            ) (cons x (cons y nil)))))))) (' (lambda (x) ((' (l
            ambda (L) (L is-unprovable (L value-of (L (L ' x)
            (L ' x)))))) (' (lambda (x y) (cons x (cons y nil)
            )))))))
```

[Here we evaluate the name to get back the entire expression:]

eval cadr cadr (g g)

```
expression  (eval (car (cdr (car (cdr (g g))))))
value       (is-unprovable (value-of ((' (lambda (x) ((' (lamb
            da (L) (L is-unprovable (L value-of (L (L ' x) (L
```

```
' x)))))) (' (lambda (x y) (cons x (cons y nil))))
))) (' (lambda (x) ((' (lambda (L) (L is-unprovabl
e (L value-of (L (L ' x) (L ' x)))))) (' (lambda (
x y) (cons x (cons y nil)))))))))))
```

[Here we check that it worked:]

= (g g) eval cadr cadr (g g)

expression   (= (g g) (eval (car (cdr (car (cdr (g g)))))))
value   true

End of LISP Run

Elapsed time is 0 seconds.

第4章

停止問題の解決不可能性についての
チューリングの証明

●停止問題の解決不可能性のチューリングの証明を説明する LISP 実行を議論する。

議　論

　計算不可能性に基づく不完全性に対するチューリングのアプローチの美しさは、形式公理系の内部構造については何も知らないで不完全性結果が得られるところにあります。必要なのは、証明チェックアルゴリズムが存在するという知識であり、これが確かに最小要件となります。もしも、証明が正しいかどうか確かめる方法がないとすれば、形式公理系はあまり役に立たないでしょうから。

　第5章では、チューリングのやり方に従い、形式公理系の内部構造を無視します。

　そこで、停止問題の解決不可能性のチューリングの証明についての第1章での議論の要点を示すために、LISPを用いましょう。停止問題では、あるプログラムが停止するかどうかをあらかじめ決定する方法を求めています。LISPの文脈では、これは、あるLISP式が、無限ループに入る、すなわち、評価が決して終わらないゆえに、値を持たないかどうかの質問になります。もちろん、LISP式は、何か他に支障があって、値を持てないこともあります。例えば、間違った種類の引数に基本関数を適用した等です。しかし、それについては心配しません。LISP式が値を取るのに失敗するさまざまな場合をまとめてしまいます[†]。

　対象とする障害は、すべての自然数を表示しながら永久に実行を続ける次のようなプログラムが例となります。

```
[display N & bump N & loop again]
 let (loop N) (loop + 1 display N) [calls itself]
 (loop 0) [start looping with N = 0]
```

　このLISPには、永久に実行を続けるという以外には何も悪いところはありません。

　読者のみなさんに面白い練習問題があります。フェルマーの最終定理が誤っている場合に、その場合に限って、値を持つLISPプログラムを書いてください。次の方程式を満たす自然数 $x > 0, y > 0, z > 0, n > 2$ がある場合に、その場合に限って、停止するのです。

$$x^n + y^n = z^n$$

　すなわち、この方程式は解を持たないというフェルマーの最終定理に対する反例を見つけることが、これが停止する必要十分条件なのです。実際、停止したとき返され

[†]　実際、私のLISPでは、式が値を持てない唯一の場合が、止まらない場合です。それは、このLISPが非常に許容度が高くて、たとえ、基本関数に期待していた種類の引数が来ない場合ですら、常に先へ進んで何事かをするようになっているからです。より正確には、「データ切れ」というエラーメッセージを与える部分を私のLISPから除くと、全く上に述べた通りになります。本書では、私のLISPのこの部分は使いません。これは、「数学の限界」で述べた私の講義で必要となるだけです。

る値は、フェルマーの定理の反例となる四つ組($xyzn$)です。ワイルズがフェルマーの最終定理を証明するまでには、300 年かかりました。この停止問題は成り立たないことが示されています[†]。停止問題の中には、非常に面白いものがあるのです。

　停止問題のもっと手の込んだ興味深い例としては、リーマン仮説と呼ばれる予想があります。これは、おそらく現在純粋数学の分野で最も有名な未解決問題でしょう。これは、素数の分布がなめらかだという予想で、複素数関数が複素平面のある領域の範囲内で絶対に値ゼロを持たないという主張で示されます。フェルマーの最終定理の場合同様、リーマン仮説が間違っていたら、反例を見つけて反駁できます[††]。

　さて、停止問題が解決できないことをどう証明するか述べましょう。それが可解だと仮定して、矛盾を導きます。すなわち、S 式s-expが値を持つかどうかにより、**true**または**false**を返す LISP サブルーチン(halts? s-exp)があるとします。

　すると、この仮説的な解を停止問題に用いて、第 3 章で行ったのと同様にして、自己参照（言及）S 式を構成できます。xの関数であるラムダ式**turing**を定義します。これは、xを(('x)('x))にし、(('x)('x))が停止しないときに、その時に限り、停止します。すなわち、xの関数**turing**が停止する必要十分条件は、xに適用された関数xが停止しないことなのです。しかし、この関数の自分自身への適用は矛盾をきたすのです。自分自身への適用が停止する必要十分条件が、自分自身への適用が停止しないことだからです。

　詳細は次のようになります。

```
define (turing x)
[Insert supposed halting algorithm here.]
let (halts? S-exp) ..... [<=============]
[Form ('x)]
let y [be] cons "' cons x nil [in]
[Form (('x)('x))]
let z [be] display cons y cons y nil [in]
[If (('x)('x)) has a value, then loop forever, otherwise halt]
if (halts? z) [then] eval z [loop forever]
               [else] nil [halt]
```

関数**turing**に自分自身の定義を与えると、次の式を得ます。

[†] やさしい解説としては、S. Singh の *Fermat's Enigma – The Epic Quest to Solve the World's Greatest Mathematical Problem* を見てください［訳注：青木　薫訳、「フェルマーの最終定理——ピュタゴラスに始まり、ワイルズが証明するまで」、新潮社、2000 年）。

[††] 停止問題の例としてのリーマン仮説の表現については、詳しい情報が、"Mathematical Developments Arising from Hilbert Problems," *Proceedings of Symposia in Pure Mathematics*, Volume XXVIII, American Mathematical Society, 1976 という出版物の中にある M. Davis, Y. Matijasevič および J. Robinson によるヒルベルトの第 10 問題に関する論文の第 2 節 "Famous Problems," pp. 323-378 に載っています。

```
(turing turing)
```

これは、それが停止しないときに、その時に限り停止します。これで、停止問題が LISP で（他の任意のプログラミング言語でも）解けないことが証明できました[†]。

　証明は、この式が自分自身を表示することです。これは、自己参照が働いていることを示しています。常に false を返す関数を halts? に与えると停止します。また、常に true を返す関数を halts? に与えると、永遠にループします。エラーメッセージ "Storage overflow"（ストーレッジオーバーフロー）は、永久ループが LISP インタープリターがやり残している作業の経過を取るために使っているプッシュダウンスタックを溢れさせたために起こります[††]。

　停止問題の解決不可能性から、いかなる正しい形式公理系も停止問題のあらゆる例を解決できないことが容易に分かります。(does-halt x) もしくは (does-not-halt x) という形式のすべての正しい表明を証明できるものとすれば、すべての可能な証明をサイズの順に並べて、それぞれに順に証明チェックアルゴリズムを適用することによって、停止問題を解決できることになるからです[†††]。

　第5章では、チューリングの精神に従い、特定の LISP S 式がエレガントであるこ

---

† 技術上の点に関して。式(turing turing)には、ちょっとばかり誤魔化しがあります。これは、自己充足的 LISP 式ではありません。しかし、不動点機構が作動していると証明できた、display を用いた別の版では自己充足的でした。実際に停止問題の解決不可能性を証明する自己参照 LISP 式であるのは、display された S 式なのです。

†† (turing turing)の実行が永久にループするように見えても、なぜそうなるのかは全く明らかではありません（これは、停止問題サブルーチンが、(turing turing)が停止するだろうと予想したときに起こります）。eval z は、私たちの式を永遠にループさせるにはおかしな方法に思えます。これは、不動点にしか働きません。これは、(turing turing)を簡約して、それをもう一度評価するようにするからです。だから、永久にループするのです。言い換えると、私のパラドックス関数(turing x)は、自分自身に適用したときにだけ働くものです。常に永久にループするもう一つの方法は、eval z の代りに let (L) [be] (L) [in] (L)を使うものです。これは私の LISP で書ける最も単純な無限ループです。さらに、これに関するより深い議論としては、eval z はループせねばならず、eval z, z = (turing turing)が永久にループせねばならないのは、値を返したからであり、したがって、それを変更して、それ自体を値として返すようにすると、(turing turing) ↑ (turing turing)となり、矛盾となります。

††† このアルゴリズムは単純ですが、私がここで示したおもちゃの LISP では実行できません。なぜでしょうか？ サイズの順にすべての可能な証明を調べることは、すべての可能な S 式を生成して、それぞれに証明チェックアルゴリズムを適用することを意味するからです。本書のおもちゃの LISP ではこの任に堪えません。必要な機構が備えられていないからです。何が必要でしょうか？ 基本的には、ビットストリング（0と1との列のリスト）を S 式に変換するものです。（それは、文字列を S 式に変換する方法を持つのと等価です。）しかし、私の LISP は、ここでは述べていませんが、これを行う方法を提供しています。read-exp という基本関数と try という機構を使えばよいのです。これは、私の本 The Limits of Mathematics（「数学の限界」）に載っています。また、次の第5章では、この問題を避けるにはどうすればよいか示します。ほんのわずか誤魔化して、証明のために S 式の代りに、S 式の番号を被演算子とする証明チェック関数を使います。すなわち、すべての証明に番号が振られていると仮定して、S 式の代りにその番号を使うのです。これにより、すべての可能な証明を扱うのが容易になります。これによって、第5章の私の研究の感じがつかめ、技術的な面倒を避けることができます。

と、すなわち、それより小さな式が同じ値を持たないという特性を保持することを証明可能かどうかという質問に答えます。検討している形式公理系の内部の詳細には一切注意を払いません。証明チェックアルゴリズムの計算量だけに注目します。

LISP によるチューリングの証明

LISP Interpreter Run

[[[[[

```
Proof that the halting problem is unsolvable by using
it to construct a LISP expression that halts iff it doesn't.
```

]]]]]

```
define (turing x)
[Insert supposed halting algorithm here.]
let (halts? S-exp) false [<=============]
[Form ('x)]
let y [be] cons "' cons x nil [in]
[Form (('x)('x))]
let z [be] display cons y cons y nil [in]
[If (('x)('x)) has a value, then loop forever, otherwise halt]
if (halts? z) [then] eval z [loop forever]
              [else] nil [halt]
```

```
define      turing
value       (lambda (x) ((' (lambda (halts?) ((' (lambda (y) (
            (' (lambda (z) (if (halts? z) (eval z) nil))) (dis
            play (cons y (cons y nil))))))) (cons ' (cons x nil
            )))))) (' (lambda (S-exp) false))))
```

```
[
 (turing turing) decides whether it itself has a value,
 then does the opposite!

 Here we suppose it doesn't have a value,
 so it turns out that it does:
]
```

```
(turing turing)
```

```
expression  (turing turing)
display     ((' (lambda (x) ((' (lambda (halts?) ((' (lambda (
            y) ((' (lambda (z) (if (halts? z) (eval z) nil)))
            (display (cons y (cons y nil)))))) (cons ' (cons x
             nil))))) (' (lambda (S-exp) false))))) (' (lambda
             (x) ((' (lambda (halts?) ((' (lambda (y) ((' (lam
            bda (z) (if (halts? z) (eval z) nil))) (display (c
            ons y (cons y nil)))))) (cons ' (cons x nil))))) (
            ' (lambda (S-exp) false))))))
value       ()
```

```
define (turing x)
[Insert supposed halting algorithm here.]
let (halts? S-exp) true [<==============]
[Form ('x)]
let y [be] cons "' cons x nil [in]
[Form (('x)('x))]
let z [be] [[[[display]]]] cons y cons y nil [in]
[If (('x)('x)) has a value, then loop forever, otherwise halt]
if (halts? z) [then] eval z [loop forever]
              [else] nil [halt]
```

```
define      turing
value       (lambda (x) ((' (lambda (halts?) ((' (lambda (y) (
            (' (lambda (z) (if (halts? z) (eval z) nil))) (con
            s y (cons y nil))))) (cons ' (cons x nil))))) (' (
            lambda (S-exp) true))))
```

```
[
 And here we suppose it does have a value,
 so it turns out that it doesn't.

 It loops forever evaluating itself again and again!
]

(turing turing)
```

```
expression  (turing turing)
Storage overflow!
```

LISP式がエレガントであることを
証明できないという私の証明

●公理の LISP 計算量が、エレガントであることを証明しようという式のサイズよりかなり
少ないならば、その LISP 式がエレガントであることを証明できない理由を示す LISP 実行
を論じる。より正確には、LISP 計算量 N の形式公理系では、サイズが $N + 356$ 文字ある
任意の S 式がエレガントであることを証明できないことを示す。

議　論

　第3章で、ゲーデルがどのようにして、自分が証明不能であるという主張を構成したかを見ました。第4章では、チューリングが、停止するための必要十分条件が停止しないことであるプログラムを構成するのに、停止問題の解をどのように利用できたかを見てきました。さて、プログラムサイズ計算量について考えましょう。「プログラムサイズ」という雰囲気に慣れるために、LISP計算量を使った準備運動の演算をしましょう。

　S式のサイズが標準形、すなわち、単一空白でリストの連続要素を区切るように書き出すのに必要な文字数として定義されていることを思い出しましょう。

　S式XのLISP計算量$H(X)$を、値Xを持つ最小式Yの文字のサイズ$|Y|$で測定します。S式Xが与えられたとき、Xの最小サイズLISP式を記述するためにX^*という記号を使います。X^*は、その値がXであり、そのサイズ$|X^*|$がXの計算量$H(X)$であるようなLISP式です。

　第1章で述べたように、LISP式をエレガントと呼ぶのは、より小さな式が同じ値を持てないという特性を持つ場合です。したがって、エレガントな式のサイズは、その値の計算量と正確に等しくなります。

　さて、次の二つの練習をしてください。答えはこの章の末尾にあります。

　最初の問題　対象の対(X Y)の計算量$H((X\ Y))$が、それぞれの計算量の和$H(X) + H(Y)$に定数cを加えたものによって抑えられることを証明してください。すなわち、なぜ次の式

$$H((X\ Y)) \le H(X) + H(Y) + c$$

が成り立ち、cがどれだけ大きいかを示してください。

　［ヒント］XとYとのエレガント式が与えられたとしたら、それをどう組み合わせると対(X Y)の式になるでしょうか？　また、これら三つの式をお互いに比較するにはどうしますか？　言い換えると、XとYとのエレガント式を縫い合わせて対(X Y)の式にするには、どれだけ多くの文字数cが必要になるでしょうか？

　第二の問題　次に、エレガントなLISP式Eの計算量を考えてください。その計算量が文字数でのサイズにほぼ等しいことを証明できますか？　すなわち、Eのサイズ$|E|$とEの計算量$H(E)$との差の絶対値の限界を示せますか？

　さて、この練習問題ができたら、私のエレガント式が面白いと感じ始められたので

はないかと思います。次に進んで、形式公理系 A のための証明チェックアルゴリズム
の LISP 実装よりも E がかなり大きいならば、ある LISP 式 E がエレガントであるこ
とを、形式公理系 A ではなぜ証明できないかという理由を明らかにします。

　A の証明チェックアルゴリズムとは何でしょうか？これは、第3章で、X が正当な
証明でないならnilを返し、X が正当な証明であることが示されたら定理を返す LISP
関数(valid-proof? X)として定義されていたことを思い出してください。私の証
明の考え方では、式 B（ベリーの頭文字）を構成します。これは、E のサイズが B の
サイズより大きいという表明(is-elegant E)を証明できるまで、可能な証明 X を
探し回るものです。この場合、E の値を B の値として返します。もし実際にそうなる
と、エレガントであるという定義に矛盾するものです。それはなぜかというと、E の
値を生成するには、B が小さすぎるからであり、それは、E が、B より大きいエレガン
トな式だからです。

　そうです。これがアイデアなのです。単純化するには、すべての可能な証明 X が番
号の付けられたリストになったと想像しましょう。最初に、S式 X、次に二番目、と
いうわけです。そして、証明をチェックするアルゴリズムvalid-proof?に、証明 X
を直接与えるのではなく、X の個数を与えます。この章では、形式公理系 A は、N 番
目の証明が妥当でないとnilを返し、N 番目の証明が正しいことが示されると定理を
返す1引数関数(fas N)として LISP で直接実装されています。さらに、この形式公
理系が、それ以上正しい証明がないとき、すなわち、N 以上の番号については正しい
証明がない場合に、実行を取り止めてstopを返してよいものとしましょう。

　さて、この形式公理系は、抽象的には、番号——有限でも無限でも構わないのです
が——を振った定理のリストと考えられます。定理が存在しない場合にはリストが空
であるとしましょう。すると、これは、(fas 1)、(fas 2)、…と順に見ていって、
この探索を行う LISP 式 B のサイズよりも大きな E を含む、(is-elegant E)とい
う形式の定理を探していくことに他なりません。B が、そのようなエレガントな式 E
を見つけたなら、B はそこで探索を停止し、E の値を返すのです。（もちろん、このよ
うなことは、E が本当はエレガントでない限り決して起こりません。）

　次に示すのが、これを行うベリーのパラドックス式 B です。

```
define expression
    let (fas n) if = n 1 '(is-elegant x)
                if = n 2  nil
                if = n 3 '(is-elegant yyy)
                [else]    stop

    let (loop n)
        let theorem [be] display (fas n)
```

```
if = nil theorem [then] (loop + n 1)
if = stop theorem [then] fas-has-stopped
if = is-elegant car theorem
   if > display size cadr theorem
        display + 356 size fas
      [return] eval cadr theorem
   [else] (loop + n 1)
[else] (loop + n 1)

(loop 1)
```

　これには、xとyyyとがエレガントであることを「証明」して停止する単純な形式公理系が含まれています。Bがそれ自身のサイズを知ることを可能にする定数356は、手でBに挿入されています。1引数関数fasのラムダ式よりもきっかり356文字分だけBが大きいからです。すなわち、Bのサイズは、この形式公理系の計算量よりもきっかり356だけ大きいのです。この356が正しいかどうかは簡単にチェックできます。Bが(fas 1)、(fas 2)、…と調べていくときに、見つけた定理を表示していき、その定理が(is-elegant E)という形式なら、EのサイズとBのサイズも同時に表示するからです。

　LISPでの反復繰り返しには、繰り返しの第N番目を行う(loop N)という関数を使うことに注意してください。したがって、第N番目の反復の後で、さらに繰り返しを続けるには、(loop + N 1)と呼べばよいのです。これは、N+1番目の反復を開始します。

　さて、四つの異なる形式公理系のそれぞれについて私の不完全性定理の証明を走らせてみましょう。それぞれ、次のように進めます。最初に、expressionをパラドックスを含むベリー式Bとして（再）定義します。Bは、(fas N)で与えられる定理のリストを含みます。次に、式Bのサイズを測り、それが自分自身のサイズを知っているかどうか調べます。さらに、式Bを評価します。すなわち、私の証明を走らせます。Bは、すべての定理を調べていき、それらを表示するとともにその形式が(is-elegant E)かどうかを調べます。こうして、Bが結局すべての定理を調べ尽くして止まるか、Bより大きなエレガント式Eを発見し、Eの値を返すかのどちらかになります。

　したがって、これがどう作動するかを示す4回の実行が行われます。第1回目は、エレガントであると証明される式は非常に小さいものであり、あまりに小さくて問題になりません。

　第2の実行では、巨大「エレガント」式E=1000…を構築するのに指数を用います。これは、Bよりきっかり1文字分だけ大きい数です。もちろん、これは嘘です。Eは

実際にはエレガントではありません。しかし、B はそれを知らないのです。

　3回目の実行では、再度指数化を用いますが、今度は、B ときっかり同じサイズの巨大「エレガント」式 $E = 1000...$ を構築するためです。これは、B が自分が今何をしているか知っていることを示すためです。今度は、エレガントな式 E は、十分大きくはありません。

　そして、4回目の実行では、600 個の 0 を持つ「エレガント」な式 $E = (- 1000...1)$ を使います。B は、E が十分大きいと考え、E を評価し、B の値として 999... を返します。(そして、これは、E が実はエレガントでなかったことを証明します。)

　こうして、私の証明が実際に働くのを見ることができます。実際に、マシンが働くのを見るのです。

LISP での私の証明

LISP Interpreter Run

[[[[[

```
Show that a formal axiomatic system (fas) can only prove
that finitely many LISP expressions are elegant.
(An expression is elegant if no smaller expression has
the same value.)

More precisely, show that a fas of LISP complexity N can't
prove that a LISP expression X is elegant if X's size is
greater than N + 356.

(fas N) returns the theorem proved by the Nth proof
(Nth S-expression) in the fas, or nil if the proof is
invalid, or stop to stop everything.
```

]]]]]

```
[
 This expression searches for an elegant expression
 that is larger than it is and returns the value of
 that expression as its own value.
]

define expression   [Formal Axiomatic System #1]
      let (fas n) if = n 1 '(is-elegant x)
```

```
                    if = n 2   nil
                    if = n 3  '(is-elegant yyy)
                    [else]     stop

         let (loop n)
             let theorem [be] display (fas n)
             if = nil theorem [then] (loop + n 1)
             if = stop theorem [then] fas-has-stopped
             if = is-elegant car theorem
                 if > display size cadr theorem
                     display + 356 size fas
                   [return] eval cadr theorem
                 [else] (loop + n 1)
             [else] (loop + n 1)

         (loop 1)

define      expression
value       ((' (lambda (fas) ((' (lambda (loop) (loop 1))) ('
            (lambda (n) ((' (lambda (theorem) (if (= nil theo
            rem) (loop (+ n 1)) (if (= stop theorem) fas-has-s
            topped (if (= is-elegant (car theorem)) (if (> (di
            splay (size (car (cdr theorem)))) (display (+ 356
            (size fas)))) (eval (car (cdr theorem))) (loop (+
            n 1)) (loop (+ n 1))))))) (display (fas n)))))))))
            (' (lambda (n) (if (= n 1) (' (is-elegant x)) (if
            (= n 2) nil (if (= n 3) (' (is-elegant yyy)) stop
            ))))))
```

[Show that this expression knows its own size.]

```
size expression

expression  (size expression)
value       456
```

```
[
 Run #1.

 Here it doesn't find an elegant expression
 larger than it is:
```

```
]

eval expression

expression   (eval expression)
display      (is-elegant x)
display      1
display      456
display      ()
display      (is-elegant yyy)
display      3
display      456
display      stop
value        fas-has-stopped


define expression   [Formal Axiomatic System #2]
      let (fas n) if = n 1 '(is-elegant x)
                  if = n 2  nil
                  if = n 3 '(is-elegant yyy)
                  if = n 4  cons is-elegant
                            cons ^ 10 509      [<=====]
                                  nil
                  [else]    stop

      let (loop n)
          let theorem [be] display (fas n)
          if = nil theorem [then] (loop + n 1)
          if = stop theorem [then] fas-has-stopped
          if = is-elegant car theorem
            if > display size cadr theorem
                display + 356 size fas
              [return] eval cadr theorem
            [else] (loop + n 1)
          [else] (loop + n 1)

      (loop 1)

define      expression
value       ((' (lambda (fas) ((' (lambda (loop) (loop 1))) ('
            (lambda (n) ((' (lambda (theorem) (if (= nil theo
            rem) (loop (+ n 1)) (if (= stop theorem) fas-has-s
            topped (if (= is-elegant (car theorem)) (if (> (di
```

```
splay (size (car (cdr theorem)))) (display (+ 356
(size fas)))) (eval (car (cdr theorem))) (loop (+
n 1))) (loop (+ n 1))))))) (display (fas n))))))))
(' (lambda (n) (if (= n 1) (' (is-elegant x)) (if
(= n 2) nil (if (= n 3) (' (is-elegant yyy)) (if
(= n 4) (cons is-elegant (cons (^ 10 509) nil)) st
op)))))))
```

[Show that this expression knows its own size.]

size expression

```
expression   (size expression)
value        509
```

[
 Run #2.

 Here it finds an elegant expression
 exactly one character larger than it is:
]

eval expression

```
expression   (eval expression)
display      (is-elegant x)
display      1
display      509
display      ()
display      (is-elegant yyy)
display      3
display      509
display      (is-elegant 10000000000000000000000000000000000000
             00000000000000000000000000000000000000000000000000
             00000000000000000000000000000000000000000000000000
             00000000000000000000000000000000000000000000000000
             00000000000000000000000000000000000000000000000000
             00000000000000000000000000000000000000000000000000
             00000000000000000000000000000000000000000000000000
             00000000000000000000000000000000000000000000000000
             00000000000000000000000000000000000000000000000000
```

```
                 0000000000000000000000000000000000000000000000000000
                 000000000000000000000000)
display     510
display     509
value       1000000000000000000000000000000000000000000000000000000
                 0000000000000000000000000000000000000000000000000000
                 0000000000000000000000000000000000000000000000000000
                 0000000000000000000000000000000000000000000000000000
                 0000000000000000000000000000000000000000000000000000
                 0000000000000000000000000000000000000000000000000000
                 0000000000000000000000000000000000000000000000000000
                 0000000000000000000000000000000000000000000000000000
                 0000000000000000000000000000000000000000000000000000
                 0000000000000000000000000000000000000000000000000000
                 0000000000


define expression   [Formal Axiomatic System #3]
      let (fas n) if = n 1 '(is-elegant x)
                  if = n 2   nil
                  if = n 3 '(is-elegant yyy)
                  if = n 4   cons is-elegant
                             cons ^ 10 508      [<=====]
                                 nil
                  [else]     stop

      let (loop n)
          let theorem [be] display (fas n)
          if = nil theorem [then] (loop + n 1)
          if = stop theorem [then] fas-has-stopped
          if = is-elegant car theorem
            if > display size cadr theorem
                display + 356 size fas
              [return] eval cadr theorem
            [else] (loop + n 1)
          [else] (loop + n 1)

      (loop 1)

define      expression
value       ((' (lambda (fas) ((' (lambda (loop) (loop 1))) ('
            (lambda (n) ((' (lambda (theorem) (if (= nil theo
            rem) (loop (+ n 1)) (if (= stop theorem) fas-has-s
```

```
topped (if (= is-elegant (car theorem)) (if (> (di
splay (size (car (cdr theorem)))) (display (+ 356
(size fas)))) (eval (car (cdr theorem))) (loop (+
n 1))) (loop (+ n 1))))))) (display (fas n))))))))
(' (lambda (n) (if (= n 1) (' (is-elegant x)) (if
(= n 2) nil (if (= n 3) (' (is-elegant yyy)) (if
(= n 4) (cons is-elegant (cons (^ 10 508) nil)) st
op)))))))
```

[Show that this expression knows its own size.]

size expression

```
expression  (size expression)
value       509
```

```
[
 Run #3.

 Here it finds an elegant expression
 exactly the same size as it is:
]
```

eval expression

```
expression  (eval expression)
display     (is-elegant x)
display     1
display     509
display     ()
display     (is-elegant yyy)
display     3
display     509
display     (is-elegant 100000000000000000000000000000000000000000
            0000000000000000000000000000000000000000000000000000000
            0000000000000000000000000000000000000000000000000000000
            0000000000000000000000000000000000000000000000000000000
            0000000000000000000000000000000000000000000000000000000
            0000000000000000000000000000000000000000000000000000000
            0000000000000000000000000000000000000000000000000000000
            0000000000000000000000000000000000000000000000000000000
```

```
        00000000000000000000000000000000000000000000000000000000
        00000000000000000000000000000000000000000000000000000000
        0000000000000000000000)
display    509
display    509
display    stop
value      fas-has-stopped


define expression  [Formal Axiomatic System #4]
        let (fas n) if = n 1 '(is-elegant x)
                    if = n 2 nil
                    if = n 3 '(is-elegant yyy)
                    if = n 4 cons is-elegant
                              cons cons "-
                                   cons ^ 10 600  [<=====]
                                   cons 1
                                        nil
                                   nil
                    [else]   stop

        let (loop n)
            let theorem [be] display (fas n)
            if = nil theorem [then] (loop + n 1)
            if = stop theorem [then] fas-has-stopped
            if = is-elegant car theorem
               if > display size cadr theorem
                  display + 356 size fas
                  [return] eval cadr theorem
               [else] (loop + n 1)
            [else] (loop + n 1)

        (loop 1)

define     expression
value      ((' (lambda (fas) ((' (lambda (loop) (loop 1))) ('
           (lambda (n) ((' (lambda (theorem) (if (= nil theo
           rem) (loop (+ n 1)) (if (= stop theorem) fas-has-s
           topped (if (= is-elegant (car theorem)) (if (> (di
           splay (size (car (cdr theorem)))) (display (+ 356
           (size fas)))) (eval (car (cdr theorem))) (loop (+
           n 1))) (loop (+ n 1))))))) (display (fas n)))))))))
             (' (lambda (n) (if (= n 1) (' (is-elegant x)) (if
```

```
    (= n 2) nil (if (= n 3) (' (is-elegant yyy)) (if
    (= n 4) (cons is-elegant (cons (cons - (cons (^ 10
    600) (cons 1 nil))) nil)) stop)))))))
```

[Show that this expression knows its own size.]

size expression

expression   (size expression)
value   538

[
 Run #4.

 Here it finds an elegant expression
 much larger than it is, and evaluates it:
]

eval expression

expression   (eval expression)
display   (is-elegant x)
display   1
display   538
display   ()
display   (is-elegant yyy)
display   3
display   538
display   (is-elegant (- 10000000000000000000000000000000000000
             0000000000000000000000000000000000000000000000000000000
             0000000000000000000000000000000000000000000000000000000
             0000000000000000000000000000000000000000000000000000000
             0000000000000000000000000000000000000000000000000000000
             0000000000000000000000000000000000000000000000000000000
             0000000000000000000000000000000000000000000000000000000
             0000000000000000000000000000000000000000000000000000000
             0000000000000000000000000000000000000000000000000000000
             0000000000000000000000000000000000000000000000000000000
             0000000000000000000000000000000000000000000000000000000
             0000000000000000000000000000000000000000000000000000000
             0000000000000000 1))
```
```

```
display    607
display    538
value      99999999999999999999999999999999999999999999999
           99999999999999999999999999999999999999999999999
           99999999999999999999999999999999999999999999999
           99999999999999999999999999999999999999999999999
           99999999999999999999999999999999999999999999999
           99999999999999999999999999999999999999999999999
           99999999999999999999999999999999999999999999999
           99999999999999999999999999999999999999999999999
           99999999999999999999999999999999999999999999999
           99999999999999999999999999999999999999999999999
           99999999999999999999999999999999999999999999999
           99999999999999999999999999999999999999999999999
```

End of LISP Run

Elapsed time is 0 seconds.

LISP 計算量の劣加法性

定理：

$$H((X\ Y)) \le H(X) + H(Y) + 19$$

証明：次のS式を考える。

```
(cons X* (cons Y* nil))
```

　ここで、X^*を X のエレガントな式とし、Y^*を Y のエレガントな式とする。上のS式のサイズは、$H(X) + H(Y) + 19$ となり、値は、対$(X\ Y)$となる。重要な点：私のLISPでは、副作用は存在しない。X^*や Y^*の評価が、お互いに干渉することはあり得ない。したがって、この式の X^*や Y^*の値は、あたかもそれぞれが一つだけ、すなわち、別々に評価されたのと変わらない。

エレガントな式の計算量は何か？

　エレガントな LISP 式 E を考えましょう。E の LISP プログラムサイズ計算量 $H(E)$ はどうなるでしょうか？ これは、ほとんど E のサイズ$|E|$に近い値となります。

　証明：$('\ E)$は値 E を持つ。したがって、$H(E) \le |E| + 4$ となる。一方、E のエレ

ガントな式 E^* を考える。定義より、E^* の値は E であり、かつ $|E^*| = H(E)$ となる。したがって、(eval E*)は値が E となり、$|(eval\ E^*)| = 7 + H(E) \geq |E|$ となる。ゆえに、$||H(E) - |E|| \leq 7$。

第 6 章

情報とランダムさ：
アルゴリズム的情報理論概観

Veronica Becher と私とが 1998 年 10 月にブエノスアイレス大学で行った「情報と
ランダムさ」という連続講義の最初に行った紹介をかねた概観に基づいています。
この後、私の Cambridge の本にある「プログラムサイズとランダムさ」の章の証
明を行いました。

- ●AIT とは何か？
- ●AIT の歴史
- ●超数学における AIT
- ●なぜ LISP プログラムサイズ計算量は良くないか？
- ●バイナリプログラムのプログラムサイズ計算量
- ●自己限定バイナリプログラムのプログラムサイズ計算量
- ●何かのエレガントプログラム対すべてのプログラムのエレガントプログラム
  ——アルゴリズム的確率
- ●相対計算量、相互計算量、アルゴリズム的独立性
- ●有限および無限ビットストリングのランダムさ
- ●例：N 個の 0 のストリング、エレガントなプログラム、正確に最大可能計算量を持つ N ビットストリングの個数
- ●乱数 Ω、停止確率
- ●ルベルトの第 10 問題

AIT とは何か？

　この前の章では、LISP プログラムサイズ計算量を用いて不完全性への私の方式の一例を示しました。不完全性への私のアプローチがゲーデルやチューリングのものとどう異なっているか理解するのが容易で、プログラムサイズ計算量の大変素直な定義なので、良い例です。良い出発点です。

　本章では、私の理論がどこへ行くかお話しします。LISP は第一歩にすぎません。さらに歩を進めるには、プログラムのサイズを測定するためのプログラミング言語を構成する必要があります。証明は省きますが、基本的なアイデアの概要を示します。私が「アルゴリズム的情報理論」（AIT）と呼ぶ、このテーマで得られるものをざっと説明します。AIT は、プログラムサイズ計算量、アルゴリズム的情報内容、および、アルゴリズム的圧縮不能性すなわちランダムさに関係します。最も困難な、私の不完全定理、停止確率である乱数 Ω を含む定理に到達するのです。

　肝心なことは、数学のある分野において、数学的真実が、全くランダムであり、構造がなく、パターンがなく、圧縮不能であることが証明できることです。実際、ヒルベルトの第 10 問題に対する Y. Matijasevič と J. Jones の研究結果を用いて、これが、基本数論、ペアノ算術において生じることまで証明できます。自然数だけを含む代数方程式（いわゆるディオファントス方程式）において、解の個数が、方程式のパラメータを変えることによって、有限個から無限個に全くランダムに変化することを示します。実際、これは、乱数 Ω のビットを与えるのです。したがって、特定の事例について方程式が有限個の解を持つかどうかを決して知ることができないのです。より正確には、これは既約数学的事実なのです。それは、それ自体を公理として追加する以外には、演繹できないのです。N 個の場合を扱うには、公理の N ビットが必要になります。

　したがって、ヒルベルトの公理的手法に対する信念が間違っていただけでなく、場合によっては、完全に間違っていたのです。数学的真実が既約であるとは、それが公理として全く圧縮できないこと、それ自体よりも単純な原則から演繹できないことを意味しているからです。

　この分野の歴史を簡単にまとめることから始めましょう。この歴史について自分なりにまとめて既に発表している人もいます。私の観点からどう見えたかお話しします。私にそれがどう見えたか、それをどう経験したかお話ししましょう。

AIT の歴史

　私が最初に定式化したプログラムサイズ計算量は、チューリングマシンプログラム

のサイズを状態数で測るものでした。実際、この分野を扱った最初の論文で、私は、二種類の異なるチューリングマシンに対して、この理論の二つの異なる版を開発しただけではなく、バイナリプログラムを用いたプログラムサイズの第三の理論も開発しました。Solomonoff と Kolmogorov も同じような提案をしていました。これは、私が書いた最初の大論文ですが、非常に長くてほとんど本ぐらいの分量がありました。1965 年に、当時唯一の理論的コンピュータ科学論文誌であった *ACM Journal* に投稿しました。残念なことに、編集者の Martin Davis が、これを短くして二つに分けるよう言ってきました[†]。それぞれ、*ACM Journal* に 1966 年と 1969 年に掲載されました。この論文誌に採録された私の最初の論文でした。

後半の部分の出版が編集者によって3年も遅らされたのは非常に不幸なことでした。査読者の Donald Loveland が手を加えていないもとの原稿をモスクワの Kolmogorov に直ちに送ったのも不幸なことでした。

無限集合の時間およびプログラムサイズ計算量を含む初期の研究が *ACM Journal* (1969)に載った第三の論文でした。それから、私は、有限バイナリ列、すなわち、ビット列を計算するプログラムのサイズに向かいました。そして、*ACM Journal* に掲載された最初の二つの論文に結び付いた、個々のビットストリングのランダムさ、すなわち、圧縮不能性に向かいました。したがって、この三つの論文は、年代順に発表されたわけではないのです[††]。

同時期に、二人の独立な AIT の発明者がいました。米国マサチューセッツ州ケンブリッジにいた R. J. Solomonoff と、当時ソ連のモスクワにいた A. N. Kolmogorov です。Solomonoff は、数学者ではありませんでした。彼は、人工知能と科学的帰納法の問題、理論形成と予測に興味がありました。彼の最初の論文は二部に分かれて

[†] このとき削除した項目の一つが相対計算量の定義とこの概念を用いた証明でした。

[††] もっと初期の研究結果が私の最初の論文でした。それは、ACM Journal ではありませんでした。高校生の頃、E.F. Moore の "Gedanken-experiments on sequential machines" という論文にあるすべてのアルゴリズムをプログラムしました。逐次機械（sequential machines）とは、有限オートマトンのことであり、この Moore の論文は、理論的コンピュータ科学の最初の本である、C.E. Shannon と J. McCarthy による *Automata Studies* (Princeton University Press, 1956)に載っていました。このプログラムのおかげで、高校生の時の最初の論文ができたのです。それは、"An improvement on a theorem of E.F. Moore," *IEEE Transactions on Electronic Computers EC-14* (1965), pp. 466-467 でした。Moore の論文は、科学的帰納法の問題、オートマトンに入力を与え、その出力を見ることによってオートマトンを同定するという問題の簡単なモデルを扱っていました。それで、題名に思考実験を意味する gedanken が使われていたのです。これは、オッカムのカミソリの有限オートマトン版を含んでいました。つまり、ブラックボックスに対する一連の実験を説明できる最も単純な有限オートマトン——状態数が最小の有限オートマトン——を見つけるのが望ましいのでした。APL2 の物理課程を述べる際に申し上げたように、私はどこにでもプログラムサイズ計算量を見つけます。思考実験プロジェクト、APL2 ギャラリー、私の Springer 社の本、そして本書がすべて示しているように、私の意見では、何かを理解する最良の方法はそれをプログラムに組むこと、そして、それがコンピュータ上で動くかどうか確かめることなのです。

Information & Control 誌に掲載されましたが、面白いアイデアに溢れています。不幸な
ことに、彼は数学があまりできなくて、アイデアを実際に成功にまで持っていくこと
ができませんでした。特に、彼は、科学理論の単純さの程度に対する数値測度を提案
し、プログラムサイズ計算量がオッカムのカミソリを限量すると主張しました。オッ
カムのカミソリとは、最も単純な理論が最良である、「実体が不必要に多重化すべきで
ない」という主張です。しかし、Solomonoff には、プログラムサイズ計算量を使って
ランダムさを定義することは思い浮かびませんでした。

　Kolmogorov と私とは、独立に、プログラムサイズ計算量を発明し、(少し違いがあ
りますが) ランダムさの定義を提案しました。大まかに言うと、ランダムストリング
は圧縮不能です。そのための単純な理論は存在しません。そのプログラムサイズ計算
量は、その長さのビットストリングの可能な大きさになります。Solomonoff と違って
Kolmogorov と私とは数学者です。Kolmogorov は既に高名であり、私は駆け出しでし
た。私は、コンピュータプログラマーでもありました。これは、非常に有用でした。私
の知る限り、Kolmogorov は二つの別々の論文でプログラムサイズ計算量について 3,4
ページしか発表していません。少なくともそれが私の見たすべてです。私は AIT につ
いて多くの本と論文とを発表しています。AIT は私の人生なのです。

　Kolmogorov と私のバイナリプログラムを使った最初の定式化では、ランダムであ
るほとんどの N ビットストリング、N ビットのプログラムかそれに近いものを必要
としました。Kolmogorov は、この理論に致命的な欠陥があることを決して理解しま
せんでした。彼は、その最も基本的な適用分野が確率論のやり直しではなく、ゲーデ
ルによって発見された不完全性現象に新しい光を投げかけることにあることを全く
分かっていませんでした。

　しかし、モスクワに Kolmogorov を訪ねた若いスエーデン人、P. Martin-Löf は、何
かがおかしいことを理解しました。無限ランダムストリングを定義する Kolmogorov
の提案は無意味なことが分かったからです。無限ランダムストリングが圧縮不能なす
べての接頭辞を含まねばならなかったのですが、0 と 1 の長い列は対数的計算量低下
を招くことを Martin-Löf が指摘したのです (私もこの問題に気づいていました。無限
ランダムストリングに対する異なる計算量ベースの定義を提案しました。より許容的
なものです。これには、反対の問題がありました。すなわち、非ランダムなストリン
グを受理したのです)。そこで、Martin-Löf は、プログラムサイズ計算量を放棄し、ラ
ンダム無限ストリングに対する構成的測度理論的定義を提案しました[†]。

　私はどうしたか？ 私は、プログラムサイズ計算量をあきらめませんでした。それに

[†]　実数が Martin-Löf の乱数であるための必要十分条件は、それがどのような測度 0 の構成的被覆集合にも
　　含まれないことです。

固執しました。定義を変更して、自己限定バイナリプログラムを使うようにしました。そうすると、ほとんどの N ビットストリングは、$N + \log_2 N$ ビットプログラムを必要とします。無限ランダムストリングの N ビット接頭辞の計算量が N 以下になってはならないと要求してももう大丈夫です。$\log_2 N$ 計算量低下は、$N + \log_2 N$ から N になるだけで、N から $N - \log_2 N$ にはなりません（後でこれについてはもっと説明します）。そして、私の計算量ベースのランダム性定義は、今や、有限ストリングと無限ストリングの両方でうまくいくのです。無限ストリングについては、Martin-Löf の定義と等価なことが判明しました。

　私は、インディアナ州ノートルダムで開かれた1974年の情報理論に関する IEEE 国際シンポジウム開会式の会場で、AIT の第二のこの改版について講演するよう招かれました。これには、有名なソ連の情報理論家も何人か出席予定でした。AIT のこの新しい版は、"A theory of program size formally identical to information theory" という題名で1975年の *ACM Journal* に掲載され、後に、より完全な形で *Algorithmic Information Theory* というケンブリッジ大学の叢書として1987年に出版されました。

　この間、もう一人のロシア人である L. A. Levin も、自己限定プログラムが必要なことに気づきましたが、正解にたどり着けませんでした。そんなに良い研究をしていません。例えば、彼は、相対計算量もまた変更しなければならないことに気づきませんでした。私には分かっていました（これも後で説明します。基本的な考え方は、何かが無料で直接与えられることはない、その代りに最小サイズプログラムが与えられるということです）。

　私の知る限り、他の誰も AIT が利用可能なプログラミング言語——LISP に基づいた言語——で、実際のプログラムサイズの理論として再構成できるということが分かった人はいません。それは、そんなにびっくりすることではありません。私はプログラミング言語を発明して、それを動かすためのソフトウェアを全部書かねばならなかったからです。これは、AIT の三度目の大改版でした。これをしたのは私一人だけでした。1998年に Springer 社から発行した *The Limits of Mathematics*[†] という本に載っています。

　とにかく、私の考えでは、AIT は、"A theory of program size formally identical to information theory" という私の1975年の *ACM Journal* に掲載された論文から始まったのです。他は、この分野の前史です。

　一方、自分の楽しみのために、私は LISP プログラムサイズ計算量の異なる理論を三つも開発しました。これらは、1992年に World Scientific 社から出版された第二期の

---

† 　［訳注］黒川利明訳、「数学の限界、改装復刻版」、エスアイビー・アクセス、2021。

私の論文集、「自伝」に含まれています。この研究は、(a) LISP が好きだから、(b) 実際のプログラムのサイズを見るのは素敵だから、(c) これらの理論が、チューリングマシンの状態で測定していた私のもとの理論によく似ているという理由から行いました。この LISP プログラムサイズの研究では、私が「有界転送」(bounded-transfer) チューリングマシンと呼んでいた初期の研究成果が復活しました。これは、ちょっと変わったマシンモデルですが、私は、若い頃のアイデアが好きで、それらが歴史のゴミ箱の中に完全に消え去るのがいやだったのです。LISP の研究は、実プログラムのサイズの理論を開発する正しい方向についての若い頃の私の直観を裏づけてくれました。当時は、これらのアイデアを正しいプログラミング言語に適用していなかったのです！

　プログラムサイズ計算量測度を無限集合計算に適用することにも興味がありました。理論のこの部分は、個別有限オブジェクトを計算するプログラムサイズ計算量と比べるとわずかしか開発されていませんでした。私は、この主題では、"Algorithmic entropy of sets"というただ一つの論文しか書いていません。これは、1987 年に出版された World Scientific 社の最初の論文集にあります。1990 年に第 2 版が出版されています。しかし、これを使って、形式公理系の計算量を、定理すべてを生成する最小プログラムのサイズとして定義しました。これは、私が第 5 章で用いたものよりも良い定義だと思います。それは、形式公理系の計算量を、証明チェックアルゴリズムの最小プログラムサイズとして与えていました。もちろん、これらは密接に関連しています。有限計算の代りに無限計算を扱う理論のこの部分に関しては、まだ多くの未解決問題が残っています。

超数学における AIT

　これまで述べたのは AIT そのものの歴史であり、超数学や認識論への適用の歴史については触れていません。私の最初の *ACM Journal* の論文で、プログラムサイズ計算量が計算不能なことを証明しましたが、これに気づいたのは私だけではありませんでした。しかし、AIT がゲーデルが発見した不完全性現象に劇的な新しい光を当てることに気づいたのは、私だけでした。これは、プログラムサイズが計算不能だということとは全く異なり、弱くて抽象的な観察でした。なぜ、こうなったのでしょうか？公理の情報内容を議論できるようになったからであり、また、ある意味で、形式公理系が無限時間の限界での計算にぶち当たったから、すなわち、何かが（任意のサイズの証明付きで）証明できないと言うことが計算できないと言うことより強いからなのです（技術的には、私の述べていることは、形式公理系が「帰納可算」(recursively enumerable）であり「再帰的」（recursive）でないという観察に帰着されます[†]）。

このことは、リオデジャネイロの大学を訪問していた 1970 年 22 歳の時には、私は分かっていました。それは、リオのカーニバルの直前でした。私の英雄の一人だったバートランド・ラッセルが死去したという悲しい知らせを受け取ったのを思い出します。形式公理系は、その下界が公理自体の計算量よりもかなり大きくない限りは、個別オブジェクトのプログラムサイズ計算量の下界を定められないことを証明しました。これが、不完全性への情報理論的アプローチの始まりの印でした。

そのすぐ後にクーラント研究所の Jacob Schwartz がブエノスアイレスを訪問し、私のアイデアを聞いてびっくりし、それを是非展開するよう私を励ましてくれました[††]。後になって、彼が AIT を論じるためモスクワにいたことを知りました（これを私が知ったのは、*Russian Mathematical Surveys* 誌の A. K. Zvonkin と Levin とによる AIT のサーベイ論文で彼の参加への謝辞を見つけたからです）。Schwartz の驚きぶりは、この本質的な点がモスクワの AIT 学派には理解されていなかったことを明示しています。

私はこのアイデアを、リオで 1970 年の研究報告に、1970 年の *AMS Notices* の摘要で、1971 年の *ACM SIGACT News* の小論文で、1974 年の *IEEE Information Theory Transactions* での招待論文で、私の 4 番目の *ACM Journal* の論文である 1974 年の *ACM Journal* の長論文、そして、1975 年のサイエンティフィックアメリカン誌の論文で述べてきました。

1974 年初頭に、私は *IEEE Information Theory Transactions* の招待論文の校正刷りをゲーデルに送りました。これは、彼に会いたいという電話をした後のことです。彼は、私の論文を読んでくれて、その次の電話で会見の予定を取ってくれました。しかし、悪天候のために、私は米国に行くことができず、彼との会見は実現しませんでした。

超数学に関する研究の第二期は、1986 年にケンブリッジ大学出版局から来た、理論的コンピュータ科学の叢書の一冊目の本を書いてくれないかという依頼を契機にしました。依頼状には、私を最初の著者として選んだ理由が、コンピュータ科学が単なるソフトウェア工学だけでなく、深遠な知的影響を及ぼすことを明らかにするためだと書いてありました。

[†]　現在の用語は、「計算的可算」（computably enumerable）および「計算可能」（computable)であるべきだと思います。とにかく、意味はそうです。形式公理系の定理集合は、（何らかの順序で）その要素を生成するためのアルゴリズムが存在するという特性を持ちます。しかし、一般的には、何かが定理集合に含まれるかどうかを決定するアルゴリズムは存在しません。（これが、決定問題 entscheidungsproblem です。チューリングの 1936 年の論文の題名にあり、そこで彼は、集合を定義するこの二種類の方法が異なることを証明したのです。）

[††]　私は、1966 年から 1975 年までブエノスアイレスに住んでいました。1967 年に IBM に入社しました。75 年以降は、ニューヨークに住んでいます。

　そのときに、停止確率、乱数 Ω を、ディオファントス方程式に使えること、したがって、算術に、初等整数論に、ランダムさがあることを思いつきました。さらに、N ビット形式公理系が、たとえ、先頭に固まっているのではなくバラバラになっていたとしても、高々Ω の N ビットしか決定できないことを証明しました。

　これについての私の本、*Algorithmic Information Theory* は、1987 年にケンブリッジ大学出版局から出版され、興奮を招きました。1988 年に、Ian Stewart が *Nature* 誌のニュース欄で"The ultimate in undecidability"という題で取り上げ、ほめてくれました。1988 年後半には、*La Recherche* 誌で Jean-Paul Delahaye による私の写真入りの"Une extension spectaculaire du théorème de Gödel: l'équation de Chaitin"（ゲーデルの定理の素晴らしい拡張：チャイティンの方程式）という論文を見つけて驚いたことがあります。これについて、サイエンティフィックアメリカン誌、*La Recherche* 誌、および、*New Scientist* 誌に書くよう頼まれました。

　私の業績における高揚期がさらに続きました。1991 年に John Casti と Hans-Christian Reichel がウィーンにあるゲーデルの昔の教室で、私の研究について話すよう招待してくれました。Casti は、ウィーンの新聞 *Der Standard* に"Gödeliger als Gödel"（ゲーデルよりもゲーデルらしい）という題で、私の写真入りの 1 ページ全面の記事を書いて、私が来るのを紹介してくれました。1992 年には、ラッセルとチューリングが研究していたケンブリッジ大学を訪問しました。それは、還元主義に関する程度の高い会合で、私の講演は録音されて、オックスフォード大学出版局から 1995 年に出版された J. Cornwell の *Nature's Imagination* という本の中に"Randomness in arithmetic and the decline and fall of reductionism in pure mathematics"という題の論文として発表しました[†]。

　超数学研究の第三期は、米国メイン州オロノにあるメイン大学で講義をしてくれないかという George Markowsky の招待で始まりました。コンピュータで私の定理をどうプログラムすればよいか分かったので、Ω のビットを決定することについてもっと単純な証明を講義に含めました[††]。講義の内容は、2 回目の招待の結果、大幅に改善されました。今度は、Veikko Keränen が 1996 年 5 月にフィンランドのロバニエミで講義をするよう招いてくれたのです。それは、とても素晴らしい経験でした。決し

[†]　［訳注］「数学の限界」（黒川利明訳、エスアイビー・アクセス、2001 年刊）の第 1 講「算術におけるランダム性と純粋数学における還元主義の衰退」にもほぼ同じ内容があります。

[††] N ビット形式公理系が Ω の高々N ビットしか、たとえ、先頭に固まっているのではなくバラバラになっていたとしても、決定できないという私の証明のことを述べています。講義では、1992 年の *Applied Mathematics & Computation* 誌の私の論文 "Information-theoretic incompleteness"で用いた単純なベリーのパラドックスのプログラムサイズ証明を、ケンブリッジ大学出版局の叢書に載せていたもとの複雑な測度理論的証明の代りに用いました。

て暗くならないのです。Keränen と私とは、ヨーロッパの北の端であるノルウェーの
ノールカップ（North Cape）岬までドライブしました。最終結果は、1997 年末に出版
された *The Limits of Mathematics*（数学の限界）となりました。この本は、良き友であ
る Cris Calude の熱狂的な支援のおかげで日の目を見ました。

　またもや、結果はあらゆる期待を上回るものでした。世界最大の数学関係出版社で
ある Springer 社は、*The Limits of Mathematics* について、こう述べました。「グレゴリ
ー・チャイティンの新刊 *The Limits of Mathematics* で、数学の歴史に刻まれる業績を
味わってください」。この本の「精力的な講義」と「熱狂的なスタイル」は、Library of
Science ブッククラブで注目され、自分の最も強い超数学的結果をこんなに単純に提
示することができたことと、Markowsky と Keränen から受けた励ましや美しい環境
で興味を持ち能力のある聴衆に対して二度も講義をするという浮き立つような経験
を噛みしめました。

　この結果、喜ばしいことに、1998 年には、ブエノスアイレスの新聞 *Página/12* の日
曜版の表紙の見出しに私のインタビューが載りました。また、ポルトガルの新聞
Expresso のリスボン版の日曜版にもインタビューを受けました。これらのインタビュ
ーでは、私、我が家、および Springer 社から出た本の写真も掲載されました。これは、
主たる興味が認識論だという数学者にとっては、驚異的な体験でした。

　素晴らしい人生です。子供の時にはこんなことが起こるなんて、こんなに早く起こ
り得るなんて、想像したこともありませんでした。

　私の最大の失望は、プログラムサイズ計算量が「ダーウィン的数学理論」を作るこ
と、すなわち、生命が進化しなければならないことの証明には使えないことです。な
ぜなら、この種の計算量を増加させるのが非常に難しいからです。しかし、ウルフラ
ムは、普遍性の遍在を用いて、説明すべきことは何もないと主張します。おそらく、彼
は正しいでしょう。次の結論の章で、ウルフラムの考えについて述べます。

　以上の個人的な話は、そうでなければ無味乾燥な数学の一部に人間的な息吹を与え
るよう、どんな冒険や発見があったか、血と汗と涙を示すためでした。さて、数学の
概要を手短に示しましょう。

なぜ LISP プログラムサイズ計算量が良くないのか？

　それは、分かりやすくて良いのですが、LISP 構文が LISP プログラムを冗長にして
いるので良くないのです。プログラムのビットは、最適使用されていません。理想的
には、プログラムの各ビットが等分に 0 または 1 であるべきで、最大情報量を運ぶべ
きです。それは、LISP プログラムには当てはまりません。LISP プログラムサイズ計

算量は、それでも良い理論です。ただし、目的が圧縮不能性を理解することでなければ、です。

バイナリプログラムのプログラムサイズ計算量

次のように動作するコンピュータ U を取り上げます。プログラム p はビットストリングとなり、LISP 関数の定義のバイナリ表現から始まります[†]。次に、LISP 接頭辞部分の終了を示す特別な区切り文字が来ます。次に、データとなるビットストリングが来ます。これは、接頭辞部分で定義された LISP 関数に与えられる 0 と 1 とからなるリストです。すなわち、先頭部分の関数は、1 引数でなければならず、プログラムの残りのビットからなるリストに適用されます。LISP 関数の値は、プログラム p の実行により生成される出力 $U(p)$ となります。

次に、LISP S 式 X の計算量すなわちアルゴリズム的情報内容 $H(X)$ を、X を生成する最小プログラム p のビットで測ったサイズ $|p|$ とします。

$$H(X) = \min_{U(p) = X} |p|$$

この結果は、ほとんどの N ビットストリングに N ビット長に非常に近いプログラムが必要となります。これは、ランダムすなわち圧縮不能な N ビットストリングです。

不幸なことに、この理論には深刻な問題が残っています。一つには、計算量が加法的でないことです。対の計算量が個々の計算量の和で抑えられるということが成り立ちません。すなわち、次が成り立ちません。

$$H((X\ Y)) \le H(X) + H(Y)$$

言い換えれば、サブルーチンを組み合わせることができません。どこで終わり、どこから始まるか分からないからです。これを解決するために、プログラムを「自己限定的」にします[††]。

---

†　LISP の各文字を 8 ビットで表したビット表現です。
††　この（劣）加法的特性は、私の考えでは、重要な役割を演じます。(a) プログラマーにとっては非常に自然な要件であり、(b) 状態で計測されるチューリングマシンプログラムサイズ計算量の初期の二つの理論で成り立っていたからであり、(c) 実際、「有界転送」チューリングマシンに対する私のプログラムサイズ理論において非常に基本的な役割を果たしていたからです。残念なことに、チューリングマシン理論からバイナリプログラムに移るに際して、加法性をあきらめました。しかし、どうしても加法性を取り戻したいと思います。それが、自己限定バイナリプログラムを持ち出した理由です。私は、以前に自己限定プログラムを研究していました。ところで、第 5 章で LISP 計算量が加法的であることを証明したのを覚えていますか？ それが LISP を愛するもう一つの理由です。

自己限定バイナリプログラムのプログラムサイズ計算量

　自己限定の意味は何でしょうか？　次のように動作するコンピュータ U を取り上げます。このバイナリプログラム p の LISP 接頭辞部分は、もはやプログラムの残りを引数として取る 1 引数関数ではあり得ません。接頭辞部分は評価される LISP 式であり、プログラムの残りをビットずつ、一時に 1 ビットずつ要求し、あまりに多くのビットを要求すると爆発します。ビットは、0 引数 LISP 基本関数 read-bit を用いて要求されます。この関数は、読み込んだビットの値である 0 か 1 を返します。ただし、すべてのビットが読み込まれているのに、さらにビットを要求された場合には計算を放棄します。接頭辞 LISP 式の値は、プログラム p を走らせて生成された出力 $U(p)$ となります。

　read-bit がファイル終端条件を返さないで、計算を中途終了させるのは、非常に重要なことです。これにより、プログラム p がそれ自体の中で自分のサイズを示す必要があります。例えば、可変長レコードの先頭に置かれた長さヘッダーのような方式を用います。ほとんどの N ビットストリング X は N より大きな計算量を持ちます。プログラムが X の各ビットの内容を示さねばならないだけでなく、自己限定的であるためにどれだけの個数のビットがあるかをも示さねばならないからです。

　最後の結果は、ほとんどの N ビットストリング X が $N + H(N)$ に非常に近い計算量 $H(X)$ を持つことです。これは、N を計算する最小プログラムのビットサイズに N を加えたものとなり、通常はほぼ $N + \log_2 N$ となります。したがって、大雑把には次となります。

$$H(X) = |X| + H(|X|) \approx |X| + \log_2 |X|$$

　今や情報は加法的です。二つのサブルーチン X と Y とを縫い着けるのに必要なビット数の定数を c として、$H((X\ Y)) \le H(X) + H(Y) + c$ となります。

何かのためのエレガントプログラム対すべてのプログラムのエレガントプログラム──アルゴリズム的確率

　Solomonoff は、与えられた出力を生成する最小プログラムだけでなく、すべてのプログラムを考慮しました。しかし、それはうまくいきませんでした。彼が定義したすべてのプログラムの総和は、発散し、常に無限大となりました。

　自己限定プログラムについては、すべてが夢のように行きます。X の最小プログラムのサイズである、LISP S 式 X の計算量 $H(X)$ に加えて、X のすべてのプログラムを

含む計算量測度を定義できます。これは、X を生成するコイン投げにより生成される
プログラムの確率です。

X を生成するコイン投げにより生成されるプログラムの確率は、次となります。

$$P(X) = \sum_{U(p) = X} 2^{-|p|}$$

すなわち、X を生成する k ビットプログラム p について 2^{-k} を足しあわせると、X を生
成する確率 $P(X)$ になります。

私は、1975 年に *ACM Journal* に発表した、計算量 H と確率 P とが密接に関係して
いるという自分の定理を誇りに思っています。実際、$H(X)$ と $-\log_2 P(X)$ との差は次の
式で抑えられます。

$$H(X) = -\log_2 P(X) + O(1)$$

言い換えれば、X を計算する確率のほとんどは、X を計算するためのエレガントなプ
ログラムに集められているのです。これは、エレガントなプログラムが本質的に一意
であること、すなわち、オッカムのカミソリが有限の可能性から選び出したことを示
しています。そして、プログラムサイズと確率とのこの関係は、より深い結果への扉
を開ける鍵なのです。これを使って、美しい分解定理を証明しましょう。

相対計算量、相互計算量、アルゴリズム的独立性

私の 1975 年の論文の 2 番目の結果についてお話ししましょう。これは、次の分解定
理です。

$$H((X\ Y)) = H(X) + H(Y\,|\,X) + O(1)$$

これは、対 X, Y の計算量と、X の計算量に X に対する Y の相対計算量（relative
complexity）を加えたものとの差が有界であると述べています。X に対する Y の相対
計算量とは何でしょうか？ それは、X を計算するエレガントなプログラムが与えら
れたときに Y を計算する最小プログラムのサイズです。

相互計算量（mutual complexity）、すなわち情報内容 $H(X : Y)$ に関する重要な系が
あります。相互計算量は、それぞれの計算量の和から対の計算量を差し引いたものと
定義されます。

$$H(X : Y) = H(X) + H(Y) - H((X\ Y))$$

次が私の結果です。

$$H(X : Y) = H(X) - H(X | Y) + O(1) = H(Y) - H(Y | X) + O(1)$$

言い換えると、相互計算量すなわち相互情報内容については、X を知るために Y を知っていることが役立つ程度と、Y を知るために X を知っていることが役立つ程度とが、ともに、ある有界の相違の範囲内で収まることを証明したのです。

最後に、(アルゴリズム的) 独立性という重要な概念があります。二つの対象の対の計算量と個々の計算量との和とが等しいときに、この二つの対象は独立であるといいます。すなわち、

$$H((X\,Y)) \approx H(X) + H(Y)$$

より正確には、個別の計算量と比較して相互計算量が小さいときに、それらは独立となります。例えば、二つの N ビットストリングが独立なのは、相互計算量が $H(N)$ の場合、すなわち、共通に持っているものがそのサイズだけである場合です。どこで、そのようなストリング対を見つけられるでしょうか? 簡単です。ランダムな (最大計算量) $2N$ ビットストリングを半分にすればよいのです。

有限および無限ビットストリングのランダムさ

最初に、有限ストリングにとっては、ランダムさが程度の問題にすぎないこと、すなわち明確な断絶がないことを述べておくべきでしょう。ただし、無限ストリングにとっては、事態は黒か白かです。ランダムか非ランダムかどちらかで、明確な区別があります。

さて、有限ランダムストリングとは何でしょうか? 最もランダムな N ビットストリング X は、$N + H(N)$ に近い計算量 $H(X)$ を持ちます。既に述べたように、ほとんどの N ビットストリングは、最大可能計算量に近い値を持ちます。すなわち、高度にランダムです。そして、N ビットストリング X の計算量がこれ以下に落ちると、ストリングはランダムでなくなり、そのようなストリングの個数も少なくなります[†]。しかし、どこに線を引くべきでしょうか? X をランダムでないというには、$H(X)$ はどれだけ低くなければならないのでしょうか? 先ほど申し上げたように、程度の問題です。しかし、きちんと線引きをすべきだと言うのなら、そうできます。どうするのでしょうか? 答えは、無限ビットストリングを見ることによって、言い換えれば、2 進表記

[†]　より正確には、$H(X) < N + H(N) - K$ であるような N ビットストリング X の個数は、2^{N-K+c} より小さくなります。

の実数を無限の2進数精度で見ることによって得られます。

C.P. Schnorr は、無限ビットストリング X があらゆるランダム性の計算可能な統計的試験を満足する（これが Martin-Löf のランダム性定義です[†]）ための必要十分条件が次となることを示しました。すなわち、次のような定数 c が存在することです。

$$H(X_N) > N - c$$

ここで、X_N は X の最初の N ビットです（これが私のランダム性定義です）。実際、この場合に $H(X_N) - N$ が無限にならねばならないことを証明しました[††]。

そこで、有限ランダム性の境界線を N ビットストリングの計算量が N 以下に落ちた場合と定めます。これにより、無限ランダムストリング X を、ほとんどすべて（有限個の場合を除いてすべて）の接頭辞が有限ランダムストリングであるという性質を持つものと定義することができます。

例：N 個の 0 のストリング、エレガントプログラム、正確に最大可能計算量を持つ N ビットストリングの個数

いくつかの例でもっとはっきり分かるはずです。第一に、最も複雑でない N ビットストリングは何でしょうか？ 明らかに、N 個の 0 のストリングです。その計算量は、$H(N)$ の有限個数のビットの範囲内です。言い換えると、その計算には、どれだけのビットがあるかだけを知ればよく、それらのビットが何であるかを知らなくてよいのです。

第二に、N ビットのエレガントなプログラムを考えましょう。この計算量は N に非常に近く、有限個数のビットの範囲内で収まります。したがって、エレガントなプログラムは、まさに、構造とランダムとの境界線にあるのです。自己限定であるのにぎりぎり十分な構造を持っています。

第三に、正確に最大可能計算量を持つ N ビットストリングの個数に対する N ビット基底 2 の数を考えましょう。1993 年の *Applied Mathematics & Computation* 誌へのノートで、この数そのものが $N + H(N)$ ——最大可能計算量の固定個数のビットの範囲内の N ビットストリング——であることを示しました。

これらが、最もランダムでないから最もランダムなまでの計算量スケールの三つのマイルストーンです。

[†] より正確には、実数が Martin-Löf ランダムであるための必要十分条件は、その実数が、どのような測度 0 の構成的被覆集合にも含まれないことです。

[††] 私のケンブリッジ大学出版局の本では、R.M. Solovay のも含めて無限ビットストリングに対する四つのランダム性定義が等価なことを証明しました。

乱数 Ω、停止確率

先ほど、高度にランダムな N ビットストリングの自然な例、実は、無限個にある例を示しました。さて、これらをまとめて、すべての先頭の断片ができるだけランダムとなる単一の無限ストリングの自然な例を示しましょう。

私のコンピュータ U のための停止確率を次のように定義します。

$$\Omega = \sum_{U(p):\text{停止}} 2^{-|p|}$$

Ω は確率なので、次が成り立ちます。

$$0 < \Omega < 1$$

さて、Ω をバイナリで、すなわち、基底 2 の表記で次のように書くようにします。

$$\Omega = .11010111...$$

この実数 Ω の最初の N ビットを知ることにより、サイズが N ビットまでの U のためのすべてのプログラムに対する停止問題を解くことができます。Ω がアルゴリズム的に圧縮不能な実数であることを証明します。すなわち、次となります。

$$H(\Omega_N) > N - c$$

ここで、Ω_N は、Ω の最初の N ビットです。したがって、Ω のビットは、ランダムさのためのすべての計算可能な統計的試験を満足します。これとは別に、Ω のビットが既約数学的事実であることも示します。Ω のビットを決定できるためには、N ビットの公理がいります。より正確には、Ω の N ビットを決定できるために $N + c'$ ビットの公理を必要とする定数 c' が存在します。

1998 年の Springer 社からの本（『数学の限界』）では、実際にこれらの定数 c と c' とを次のように定めます。$c = 800$、$c' = 15328$ です。

ヒルベルトの第 10 問題

最後に、ヒルベルトの第 10 問題に関する M. Davis、H. Putnam、J. Robinson、Y. Matijasevič、および J. Jones の研究結果を用いて、ディオファントス方程式で Ω のビットを符号化しましょう。私の方程式は、200 ページの長さがあり、X_1 から X_{20000} までの 2 万個の変数とパラメータ K を持ちます。代数方程式

$$L(K, X_1, ..., X_{20000}) = R(K, X_1, ..., X_{20000})$$

は、Ω の第 K ビットが 0 か 1 かに応じて、有限個数もしくは無限個数の自然数解（そ
れぞれの解は、$X_1, ..., X_{20000}$ に対する 2 万タプルとなります）を取ります。したがって、
この方程式が有限個の解を持つか無限個の解を持つか決定することは、Ω のビット
を決定するのと同じだけ困難となります†。

　この方程式の詳細な構成は、1987 年のケンブリッジ大学出版局の叢書で説明しま
した。この方程式を構成するソフトウェアの最終版は、*Mathematica* と C 言語とで書
かれており、ロスアラモス研究所の e-print アーカイブ、`http://xxx.lanl.gov/`に
あり、chao-dyn/9312006 に報告書があります。

　やれやれ、ここまでやってきたのはたくさんの数学でした。目的は、プログラムサ
イズ計算量がまじめなものであり、AIT がまじめで、（技術的な意味ではなく）「エレ
ガント」なよく開発された数学の一分野であり、Ω がランダムな既約数学情報だと言
うときには、自分が何を話しているか心得ているということでした。

　さて、次でまとめることにしましょう。

---

† 　実際には、ヒルベルトは 1900 年に少し違った質問をしていました。任意のディオファントス方程式が解
　を持つかどうかを決定する方法を求めていたのです。私は、解の個数が有限個かどうかに興味がありま
　す。解がないということは、有限個数の解に含まれます。Matijasevič は、1970 年にヒルベルトの第 10 問
　題が停止問題と等価なことを証明しました。しかし、ヒルベルトの第 10 問題と停止問題とでは、ランダ
　ム性を与えません。これらは、独立な既約数学的事実ではありません。なぜでしょうか？ どちらの問題で
　も N 個のインスタンスを解くためには、N 個の方程式のうちいくつが解を持つか、あるいは、N 個のプロ
　グラムのうちいくつが停止するかを知る必要があるからです。これは、N ビットの情報よりはるかに少な
　いのです。

第 7 章

数学の第三千年紀

1996 年夏に行われたデンマークのコペンハーゲンにある Tor Nørretrander の有名な Mindship institute での "Mathematics in the third millennium" と題する私の講演に基づいています。また、アルゼンチンのブエノスアイレスで発行されている *Página/12* という新聞で 1998 年 6 月に掲載された Guillermo Martínez による私へのインタビュー記事をもとにしてもいます。

●数学は準経験的か？（またしても！） 私は、数学者の作業と数理物理学者の作業との間に断絶があってはならないと信じている。可能性が連続しているべきだ。

●物理学におけるランダムさとエントロピー対プログラムサイズ計算量で定義される構造の欠如。ボルツマン、個体対集合。ウルフラム、宇宙は π のように疑似乱数かもしれない！

●数学的発見、発見対形式推論、オイラー対ガウス、ポリヤの数学と疑似推論、オイラーの著作集を子供のように読む！

●生物学的計算量、進化と生命の起源？！ 私の計算量は増やすことが困難。ウルフラム、普遍性が遍在するので進化が容易なのかもしれない！

●自然は靴の直し屋、いろいろな仕事に手を出す人。生物学を数論と対照する。

●Guillermo Martínez のインタビュー記事から。数学の美、単純、強力、優雅なアイデア。数学は生物学のように乱雑で複雑なものになるのか？

●複雑な現代物理。単純な方程式はない、水素原子はない。今や、多体統計物理である。基礎物理理論ですらそのようだ、量子場真空は活動の源である。物理の進歩についての多体問題の本にある冗談、すなわち、問題となるのは何個の物体か？

数学の美

　若い頃、非常に魅惑されたのは数学の美でした。美しい数学のアイデアを呼んで理解したときには、美しい絵画、美人、あるいは優雅なバレリーナを見たときと同様の感情に襲われました。人間社会は混乱しており、人生は混沌とした悲劇かもしれませんが、私はそこから、数論の、素数の、美しい明晰な鋭い人間離れした光の中へと抜け出せたのでした。そこでは、重要なのは、権力でも暴力でも金力でもなく、いくつかの単純で強力で優雅なアイデアでした。

　学校では、記憶ではなく推論を必要とする科目が得意だったのを覚えています。数学と物理は優等でした。基本的な原則からすべて導けたからです。フランス語は苦手でした。単純で強力な統一原則がなかったからです。

　生物学を見てみましょう。混乱の極みです。物理法則と同じ意味で生物学に法則があるのでしょうか？　自然は靴の修繕屋のようなもので、生物組織は継ぎはぎだらけでやり直しの固まりのようです。めちゃくちゃですが、機能しており生き残っています。自然選択です！

　私は数学同様物理が好きでした。水素原子のボーアのモデルやシュレディンガー方程式をご覧なさい。ほんのわずかの単純な方程式がすべてを説明します。

　しかし奇妙なことが起こり始めています。数学はますます複雑になっています。4色問題の膨大なコンピュータによる場合分けの証明を見てください[†]。人間が作成したのだが巨大な単純群の分類を見てください。多数の数学者が共同著者となった1万ページもの証明です[††]。

　現代物理を見てみましょう。今では、単純な方程式を書き下ろしては、昔私が子供だった頃にやっていたような閉じた形式で解析的にそれを解くという理論物理はありません。今や、複雑なコンピュータモデルを使って、それがどう動くかをシミュレーションで調べます[†††]。

　現代物理の複雑さよ！　単純な方程式も、水素原子も駄目です。今や、多体統計物理です。基礎理論物理でもそんな感じです。量子場真空も活動の温床です。多体問題の本にあった冗談ですが、物理の進歩は、どれだけの個数の物体が問題となるかによって測られるのだそうです。

[†]　これは、平面上の任意の地図で、隣り合った国が異なる色になるよう塗り分けるには4色あればよいという定理です。

[††]　大雑把に言えば、単純群の群論における役割は、素数の数論における役割と同じです。4色問題の証明や単純群の分類に関する分かりやすい説明は、例えば、L.A. Steen の *Mathematics Today – Twelve Informal Essays* という本を見てください。

[†††]　例えば、G.W. Flake の本、*The Computational Beauty of Nature – Computer Explorations of Fractals, Chaos, Complex Systems, and Adaptation* を参照してください。

　Richard Mattuck は、*Feynman Diagrams for Idiots*（誰でも分かるファインマン図式）と呼ばれる本（正式な書名は *A Guide to Feynman Diagrams in the Many-Body Problem*）の中で次のように物理学の進歩をまとめています。問題となるのは、どれだけの個数の物体がある場合か？ ニュートン物理学においては、それは 3 体の場合でした。2 体の重心の質量点は、閉じた系では正確に解くことができました。3 体では解けません。一般相対論においては、2 体でも解けません。単一の質量点なら Schwarzschild 解があり、これはブラックホールとして知られています。しかし、2 体になるとコンピュータで複雑な数値計算をしなければなりません。そして、量子場理論においては、0 体ですら大変です。量子力学真空は非常に複雑なので、仮想粒子の生成と消滅とでごった返した海のようなものです。摂動を使って予測評価はできますが、正確な閉じた系の解となったら、忘れたほうがよいでしょう†。

　それでは、数学の将来はどんなものになるでしょうか？ 素晴らしい新しい単純で強力なアイデアが出てくるのでしょうか、それとも、生物学のように滅茶苦茶で複雑なものになるのでしょうか？ 後者だとすれば、この新しい数学をやるには新種の科学的人格が必要でしょう。

　これは、おかしなことですが、本書で紹介したゲーデル、チューリング、そして私の研究を振り返ってみれば、これは既に起こっていることなのです。新しい種類の数学が始まっているのは明らかです。これは非常に異なった種類の数学で、ずっと複雑で、ある意味で生物学に似ています。

　次に理由を申し上げます。

新しい複雑な数学？

　私のアプローチは、ゲーデルやチューリングの方式同様複雑ですが、その複雑さが異なります。ゲーデルの場合は、それは、公理系の内部構造、原始帰納定義スキーマ、および、彼のゲーデル数の番号付けが複雑なのでした。チューリングの場合は、彼の1936 年の論文で説明された、万能チューリングマシンのインタープリタープログラムが複雑でした。私の場合には、（チューリングの複雑な万能マシンに相当する）LISP インタープリターが複雑です。これは、みなさんには見えません。見えるのは、LISP 言語の定義、プログラマー用マニュアルのサイズです。私の場合、複雑さは氷山のよ

---

†　分かりやすい量子場理論の説明は、R.P. Feynman の *QED – The Strange Theory of Light and Matter* という本を見てください。劇的な、しかしもっと技術的な例を示しましょう。束ゲージ理論と呼ばれるものを用いて、同僚の Don Weingarten は、QCD（量子色力学、クォークやグルオンの理論）においてファインマン線積分（すべての歴史上の和）のモンテカルロ近似（統計的サンプリングによる予測評価）を行うためだけの超並列コンピュータを作り上げました。一つの計算がほぼ一年かかるのです。

うなもので、大半は水面下にあります！

　形式公理系としてのペアノ算術＋一階論理、チューリングの万能マシンのためのコード、私の LISP のためのインタープリター、これらは、非常に奇妙な種類の数学的対象です。伝統的な数学的対象とは全く異なります。素数について、そしてリーマンのゼータ関数 $\xi(s)$ について考えてみましょう。これらはすごく単純です。研究に使える形式公理系を、チューリングの万能マシンを、そして LISP インタープリターを見てみましょう。これらはすごく複雑です。

　ですから、ゲーデル、チューリング、そして私の三つの場合とも、新しい「生物学的」複雑な数学を既に持っていると、第三千年紀の、少なくとも 21 世紀の数学であると考えられます[†]。

統合的テーマ：情報、計算量、ランダムさ

　ある意味で、上の三つの用語は、互いに絡み合いながら、20 世紀末、この二千年紀末での科学的ならびに技術的な非常に複雑なパラダイムシフトをまとめ上げていると言えます。新しい時代精神（Zeitgeist）を総括しています。

　DNA を見てみましょう。生物情報です。量子計算や量子情報理論という新しい分野を見てください。同僚の Rolf Landauer が 1991 年の *Physics Today* に載せた論文の題名は、「情報は物理的である」（Information is physical）でした。

　コンピュータハードウェアおよびコンピュータソフトウェアがどんなに複雑になったか見てください。コードがメガバイトを超えるのは普通になりました。コンピュータを使うには、それだけのメモリが必要です。

　ゲノム（ヒト遺伝子）プロジェクトを見てください。情報のお化けです。大量のデータベース、巨大なデータベースがたくさんあります。組織化するにも、検索するにも、使うにも新しいソフトウェア技術が必要です[††]。

　人工知能（AI）を考えてみましょう。私は、それは既に起こっていると思います。半分ぐらい来ているのだけれど、それを実感していないのです。一般に、AI の先駆者

[†]　子供の頃、次のような夢をよく見ました。はるか未来に、図書館にいて、ものごとがどうなったか、何を科学が達成したのかを夢中になって読んでいるのです。棚から一冊の本を取り出して、開けるのです。そこにあるのは、意味の分からない単語の羅列です。この本を書いていて、ずいぶん長く忘れていたことを思い出しました。私の研究がうまくいって何もかもが不可避であるように思えるという非凡な明快さを経験しました。

[††]　D. S. Robertson の本、*The New Renaissance – Computers and the Next Level of Civilization* を読むと、会話、読み書き、印刷、および PC、インターネット、ウェブといったことがらに関する 4 種類の文明段階のより詳しい情報理論的分析が分かります。Robertson によれば、これらの各段階が進歩する時の基本的な特徴は、人類が蓄積し、記憶し、処理する情報量の増加にあります。情報処理能力の飛躍が主要な社会変化に対応します。

が考えていたのは、数個の偉大な考えが必要だということでした。ノーベル賞級のアイデアがあって初めて、ヒトの知性がどうなっているかが分かり、人工知能が生成されるというものでした。そうではないのに、今や、チェスを指し、音声を認識し合成する機械があります。これは、地球上のハードウェア技術者とソフトウェア技術者が行ってきたハードウェアとソフトウェアの成果をまとめることにより可能となりました。これは、基本的な少数のアイデアにではなく、じっくりと開発され進歩してきた何メガバイトにもわたる複雑なソフトウェアによるものです。

意識の本質について、情報理論が論じられている最近の研究成果を見てみましょう[†]。意識は物質的には見えません。そして、情報は確かに非物質的です。したがって、たぶん意識は、あるいは精神さえもが、物質ではなく情報で創られるのです。空想科学小説の作家が、好んで指摘しているように、「プログラム」の「コンピュータ」に対する関係は、「精神」の「肉体」に対する関係と同じです。

通常の考え方では、物質が基本的であり、情報は、存在するとすれば、物質から生じます。しかし、情報が基本的であり、物質は二次的な現象だとしたらどうでしょうか？ 結局、同じ情報が多数の異なる物質表現を持ちます。生物学で、物理学で、心理学で。DNA、RNA、DVD、ビデオテープ。長期記憶、短期記憶、神経インパルス、ホルモン。物質表現は関係ありません。重要なのは、情報そのものです。同じソフトウェアが多くのマシンで走ります。

情報は、本当に革新的な新しい概念であり、この事実の認識がこの時代の一つの画期的な出来事なのです。

これが、私が言わねばならないこと、教訓と考えることのまとめです。壮大な絵です。しかし、もう少し詳細について最後にお話ししたいと思います。最後に少しばかり。

後からの思いつきで...

停止確率 Ω とは何でしょうか？ 数学的真実の本質をダイアモンドのように硬く蒸留して結晶させたものです。冗長な数学的真実という石炭を途方もなく圧縮して得られるものです。そして、数学は準経験的か？（またしても！）私の立場を、できるだけ控え目に議論の余地がないように述べましょう。数学者の研究の仕方と数理物理学者の研究の仕方とに大きな断絶があってはならないと私は思います。連続的な変化

[†] 次の三冊の本を読んでください。D.J. Chalmers, *The Conscious Mind – In Search of a Fundamental Theory*、G.R. Mulhauser, *Mind Out of Matte – Topics in the Physical Foundations of Consciousness and Cognition*、T. Nørretranders, *The User Illusion – Cutting Consciousness Down to Size*。

であるべきです。いかなる証明も完全に納得させることはできません。信頼度の程度が異なるだけなのです†。

　ここで、AIT が物理学と密接な関係のあることを述べておくべきでしょう。Charles Bennett らは、ボルツマンエントロピーの代りにプログラムサイズを用いて、マックスウェルの悪魔を論じました。このテーマについては、1998 年に非常に読みやすい本が二冊出版されました。T. Nørretranders の *The User Illusion – Cutting Consciousness Down to Size* の第 1 章 "Maxwell's Demon" および H.C. von Baeyer の *Maxwell's Demon – Why Warmth Disperses and Time Passes* です。物理学におけるランダムさとエントロピーとをプログラムサイズ計算量で定義した構造の欠如と比べてみましょう。個体（individual）対集合（ensemble）のようなものです。統計物理学にはボルツマンエントロピーがあり、可能性集合上で確率がどの程度うまく分布しているかを測ります。これは、集合的な概念です。実際、AIT では、個体のミクロ状態のプログラムサイズ／エントロピーおよび相空間にまたがった確率分布を見ています。これらの考えの歴史について詳しくは、David Ruelle の傑作、*Chance and Chaos* を見てください。

　ウルフラムの魅力的で、残念なことに未発表のアイデアについて最後に一言述べます。彼は、私とは非常に異なった計算量への観点を保持しています。私の観点では、π は全く複雑ではありません。しかし、ウルフラムにとっては、完全にランダムに見えるがゆえに、無限に複雑なのです。彼の観点では、単純な法則、単純な組み合わせ構造が非常に複雑な予測不能な振る舞いを引き起こせるのです。π がその好例です。その由来を知らなければ、その小数点以下の数字の並びは完全にランダムに見えます。実際、ウルフラムの意見では、宇宙にはランダム性はないかもしれない、つまり、す

---

†　数学と物理学とが同一だと言っているのではありません。数学は数学的アイデアの世界を扱い、物理は実世界を扱います。数学は準経験的であり、物理は実験的です。Gordon Lasher の理論物理グループの客員であった頃、特に、両者の差異としてたたき込まれた大きな違いがあります。それは、物理学者はどの方程式も正確でないことを知っているという事実です。それは、単に良い近似にすぎず、低次の影響を無視できる、微少なスケールでの摂動を無視できるものにすぎません。Jacob Schwartz が、M. Kac, G.-C. Rota および J. T. Schwartz の *Discrete Thoughts – Essays on Mathematics, Science, and Philosophy* という選集での小論で見事に述べているように、物理学者はすべての方程式が近似であることを承知しています。それだから、（純粋数学では完全に妥当な）摂動に対して不安定な、長くて脆弱だが厳密な証明よりも、摂動のもとで安定な、短くて頑健な厳密でない証明を好むのです。Gian-Carlo Rota の選集 *Indiscrete Thoughts* も大いにお薦めしたいと思います。Rota は、数学の研究について魅力的な観察をいくつもしていますが、その中で、数学者の中には、頭脳の競技向きの、新しい証明を見つけたり古くからの問題を解くのが好きな人もおれば、新しい定義や新しい定理を作るのが好きな夢想家もいると述べています。私は明らかに後者の部類に属します。彼は、この二種類の極端に異なる数学的人格が、互いに相手を、薄いヴェールに覆われてはいても、軽蔑することがあると指摘しています。ところで、このような発言のために Rota は友人を失う羽目になりました。これも、数学と物理の相違点です。物理学者はユーモアのセンスがありますが、数学者にはありません［訳注：この一文が数学者である著者の逆説的なユーモアかあるいは第 1 章で述べているように「偏見に満ちた個人的な話」なのか分かりません。実際には、ユーモアのセンスに溢れる数学者はたくさんいます。ただし、その数が計算的に可算か証明はしません］。

べてが実際は決定的であり、ただ疑似乱数性があるだけかもしれないのです。その違いがどうして分かりましょう。自由意志という幻想は、未来があまりに予測困難だからであり、本当に予測不能だからではありません[†]。

　ウルフラムは、生物学、生命の起源と進化についても魅力的なアイデアを持っています。自分の科学的人生でひどく失望したのは、私のプログラムサイズ計算量がダーウィン的数学理論を生み出すのに使えなかったことです[††]。私の計算量は、保存的で、増やすことは不可能です。これは、数学的不完全性理論を扱うには素晴らしい特性ですが、進化を扱うには最悪です。そこで、私はウルフラムの意見を尋ねました。彼の答えは全く魅惑的なものでした。彼は、普遍性の遍在に関する証拠をため込んでいるのです。言い換えると、単純なシステムの組み合わせが計算的普遍性を達成し、複雑で豊かな予期せぬ振る舞いをするということをいくつも数多く発見しているのです。π は、その一つの例にすぎません。したがって、生命の出現、生存に必要な豊かで複雑な振る舞いを示す知性体の出現について、何が驚異的だというのでしょうか? それは、容易に行えるのです!!! ウルフラムは正しいかもしれません。この問題に関する彼の 800 ページの本を手に入れて、暇があれば、それを読んで考えてみたいものです。彼の自宅を訪れるという珍しい機会に、ほんのちょっと、その二巻本を手にしたことがあります。

　数学的発見について最後に一言。私には、不完全性と情報について研究するのは、非

[†]　ウルフラムの非常に優秀で鋭い頭脳にとって、不確定性、ランダムさ、推論能力を逸脱した不合理なもの、理由なしにことが起こる (彼には理解不能なもの) という単純な統合の原理といった考えは、忌み嫌うものです。古代人の真空への恐怖は、現代ではランダムさへの恐怖になっているのです。そのような人には、ランダムさへの私の信念ゆえに、私がまぬけな神秘主義者に見えたに違いありません。ファインマンの晩年、彼と話をしていたとき、彼がすごく怒ったことも思い出しました。それは、私が、素晴らしい物理法則が今後発見されるかもしれないと話したときでした。もちろん、と後で考えました。自分が生きてそれを知ることができないという考えにファインマンがどうして耐えられましょうか? 科学と魔術とは、通常の現実が本当の現実ではない、日常の見かけの後ろにより基本的な何かが潜んでいるという信念を共有しています。どちらも、隠れた秘密の知識の基本的な重要性に対する信頼を共有しています。物理学者は、万物理論 (TOE) を探し続けています。そして、カバラ信者は、あらゆることの理解を可能にする鍵である神の秘密の名前を探し求めています。ある意味で、両者は仲間であり、どちらも、秘密の意味は存在しないとか、最終理論はないとかいう考えには耐えられません。そして、物事が全く任意で、ランダムで、無意味で、圧縮不能で、理解不能であるという考えに耐えられません。この考えを劇的に伝えるものに、D. Aronofsky の π という 1998 年の映画があります。G. Johnson の *Fire in the Mind – Science, Faith, and the Search for Order* や P. Davies の *The Mind of God – The Scientific Basis for a Rational World* という本も見てください。

[††]　私はフォン・ノイマンから大いに影響を受けています。フォン・ノイマンの初期のアイデアについては、1955 年のサイエンティフィックアメリカン誌の J.G. Kemeny の "Man viewed as a machine" という題の論文を見てください。フォン・ノイマン自身の文章については、J. R. Newman の *The World of Mathematics* の第 4 巻にある "The general and logical theory of automata" という論文を読んでください。A. W. Burks が取りまとめた死後出版論文集では、フォン・ノイマンの *Theory of Self-Reproducing Automata* を見てください。この問題に関する最近の議論としては、P. Davies の *The Fifth Miracle – The Search for the Origin of Life* や C. Adami の *Introduction to Artificial Life* を参考にしてください。

常に楽しいことでした。しかし、不完全性の結果は気が滅入るものです。そして、形式体系は退屈なものです。形式推論についてよりも、数学的発見や創造性について考えるほうが、ずっと面白いものです。ガウスについてよりもオイラーについて考えるほうが楽です。なぜ、オイラー対ガウスなのでしょう？ オイラーは推論の一部始終を、発見のプロセスをすべて書き留めていますが、ガウスは、自分の著作という美しい構造物から、注意深く足場を綺麗さっぱり取り除いているからです。私の聞いている話では、ガウスの論文は非常に読みにくいそうです。ディリクレーは、何年もの間、ガウスの傑作である「数論研究」（*Disquisitiones Arithmeticae*）をいつも持ち歩いていたそうです。一方、オイラーの著作は読んでいて楽しいものです。

　今でも、ポリヤの *Mathematics and Plausible Reasoning* という二巻本で、オイラーが偉大な数学的発見をした話を読んだ子供の頃の感激をまだ覚えています。子供のときに、幸せなことにコロンビア大学の数学図書室の本棚を渡り歩く許可をもらいました。そこにある著作集には魅力的なものがありました。アーベルの著作集（*Oeuvres Complètes*）は、そう多くはないのですが素晴らしいもので、美しい古典フランス語で書かれていました。オイラーの著作集（*Opera Omnia*）は、膨大でした。まだ、刊行が続いています。オイラーは膨大な手稿を残しています。

　オイラーの数論に関する一連の論文を読んで、彼が結果を予測した根拠が分かり、最終的な証明にたどり着くまでどのように証明の穴を埋めていったかを理解したときの喜びをまだ覚えています。ラテン語で書かれた彼の数論に関する論文を翻訳したご褒美でした。私は、ラテン語を知らず、ラテン語の辞書だけがありました。しかし、数論については十分知っていたのです。自然数の約数の和 $\sigma(n)$ に対する再帰公式の発見を説明したフランス語の論文は、とても素晴らしいものでした。

　もう、気が滅入る不完全性結果は止めましょう。冷たく乾いた形式公理系は終わりです。官能的で喜びに満ちた発見の理論、創造の理論こそ私の望みです。私の定理は悲観的ですが、私は楽観主義者です[†]。読者のみなさんには、その理論のやり方が分かるかもしれませんね。結局のところ、「ガッツと想像力」（guts and imagination）なのです[††]！

[†] その証拠としては、J. Horgan のインタビュー、The End of Science – Facing the Limits of Knowledge in the Twilight of the Scientific Age を読んでください。

[††] N. C. Chaitin の 1962 年の映画 The Small Hours から、有名な一節です。

参考文献

一般的な文献

[1] A.M. Turing, "Solvable and unsolvable problems," *Science News* 31, Penguin, 1954, pp. 7-23. ［原論文は、A.M. Turing, *Collected Works*, 1992 の第 2 巻にある。］

[2] E. Nagel, J.R. Newman, *Gödel's Proof*, New York University Press, 1958.

[3] M. Davis, "What is a computation?" *L.A. Steen, Mathematics Today – Twelve Informal Essays*, Springer-Verlag, 1978 の一つの章

[4] D. R. Hofstadter, *Gödel, Escher, Bach: an Eternal Golden Braid*, Basic Books, 1979. ［野崎昭弘・はやしはじめ・柳瀬尚紀訳、「ゲーデル、エッシャー、バッハ──あるいは不思議の環」、白揚社、1985 年］

[5] R. Rucker, *Infinity and the Mind – The Science and Philosophy of the Infinite*, Princeton University Press, 1995.

[6] R. Rucker, *Mind Tools – The Five Levels of Mathematical Reality*, Houghton Mifflin, 1987.

[7] J. L. Casti, *Searching for Certainty – What Scientists Can Know About the Future*, Morrow, 1990.

[8] J. Barrow, *Pi in the Sky – Counting, Thinking, and Being*, Oxford University Press, 1992.

[9] P. Davies, *The Mind of God – The Scientific Basis for a Rational World*, Simon & Schuster, 1992.

[10] J. L. Casti, *Complexification – Explaining a Paradoxical World Through the Science of Surprise*, HarperCollins, 1994.

[11] I. Peterson, *The Jungles of Randomness – A Mathematical Safari*, Wiley, 1998.

[12] J. A. Paulos, *Once Upon a Number – The Hidden Mathematical Logic of Stories*, Basic Books, 1998.

[13] G .J. Chaitin, *The Unknowable, Springer*, 1999. ［黒川利明訳、「知の限界、復刻改装版」、エスアイビー・アクセス、2201 年］

原論文

[1] K. Gödel, "On formally undecidable propositions of Principia Mathematica and related systems I," *Monatshefte für Mathematik und Physik*, Volume 38, 1931, pp. 173-198. ［原論文は van Heijenoort, 1967 および Davis, 1965 にある。Basic Books, 1962 および Dover, 1992 からも出版されている。Part II は書かれなかった］

[2] A.M. Turing, "On computable numbers, with an application to the entscheidungs-problem, " *Proceedings of the London Mathematical Society*, Series 2, Volume 42, 1936-7, pp. 230-265. "A correction," ibid., Volume 43, 1937, pp. 544-546. ［原論文は Davis, 1965 にある。Turing の著作集 *Collected Works* には含まれていない］

[3]   G. J. Chaitin, *Algorithmic Information Theory*, Cambridge University Press, 1987.
[4]   G. J. Chaitin, *The Limits of Mathematics – A Course on Information Theory and the Limits of Formal Reasoning*, Springer-Verlag, 1998.

論文集

[1]   W.R. Ewald, *From Kant to Hilbert – A Source Book in the Foundations of Mathematics*, 2 volumes, Oxford University Press, 1996.
[2]   P. Mancosu, *From Brouwer to Hilbert – The Debate on the Foundations of Mathematics in the 1920s*, Oxford University Press, 1998.
[3]   J. van Heijenoort, *From Frege to Gödel – A Source Book in Mathematical Logic 1879-1931*, Harvard University Press, 1967.
[4]   M. Davis, *The Undecidable – Basic Papers on Undecidable Propositions, Unsolvable Problems and Computable Functions*, Raven Press, 1965.
[5]   K. Gödel, *Collected Works*, 3 volumes to date, Oxford University Press, 1986-.
[6]   A.M. Turing, *Collected Works*, 3 volumes, North-Holland, 1992. [数理論理学に関するチューリングの論文は発表されなかった]
[7]   M. Davis, *Solvability, Provability, Definability: The Collected Works of Emil L. Post*, Birkhäuser, 1994.
[8]   G. J. Chaitin, *Information, Randomness & Incompleteness – Papers on Algorithmic Information Theory*, 2nd Edition, World Scientific, 1990.
[9]   T. Tymoczko, *New Directions in the Philosophy of Mathematics*, 2nd Edition, Princeton University Press, 1998.

伝 記

[1]   E. T. Bell, "Paradise lost? Cantor (1845-1918)," *Men of Mathematics*, Simon & Schuster, 1937 の最終章。
[2]   J. W. Dauben, *Georg Cantor – His Mathematics and Philosophy of the Infinite*, Harvard University Press, 1979.
[3]   B. Russell, *The Autobiography of Bertrand Russell 1872-1914*, George Allen & Unwin, 1967.
[4]   A.R. Garciadiego, *Bertrand Russell and the Origins of the Set-Theoretic "Paradoxes,"* Birkhäuser Verlag, 1992.
[5]   W.P. van Stigt, *Brouwer's Intuitionism*, North-Holland, 1990.
[6]   C. Reid, *Hilbert*, Springer-Verlag, 1970.
[7]   J .W. Dawson, Jr., *Logical Dilemmas – The Life and Work of Kurt Gödel*, A.K. Peters, 1997.
[8]   H. Wang, *A Logical Journey – From Gödel to Philosophy*, MIT Press, 1996. [ゲーデルの伝記]
[9]   W. DePauli-Schimanovich, P. Weibel, *Kurt Gödel – Ein mathematischer Mythos*, Verlag Hölder-Pichler-Tempsky, 1997.
[10] S. Turing, *Alan M. Turing*, Heffers, 1959. [チューリングのお母さんが書いたものです]
[11] A. Hodges, *Alan Turing: The Enigma*, Simon & Schuster, 1983.
[12] N. Macrae, *John von Neumann*, Random House, 1992.
[13] S. M. Ulam, *Adventures of a Mathematician*, University of California Press, 1991. [Ulam の自伝

には、フォン・ノイマンについての話やフォン・ノイマンがゲーデルを賞賛していた話などがある]

[14] C. Reid, *Julia – A Life in Mathematics*, Mathematical Association of America, 1996. [妹による J. Robinson の伝記。]

[15] C. Calude, *People & Ideas in Theoretical Computer Science*, Springer-Verlag, 1999. [M. Davis と Y. Matijasevičによる自伝的随筆も含む]

[16] M. Kac, *Enigmas of Chance – An Autobiography*, Harper & Row, 1985.

[17] G. J. Chaitin, *Information-Theoretic Incompleteness*, World Scientific, 1992. [数学的自伝]

数学的読み物 [小説だが、私の意見では、数学研究の感じをとらえているもの]

[1] A. Huxley, *Young Archimedes, in J.R. Newman, The World of Mathematics*, volume 4, Simon & Schuster, 1956.

[2] A. Huxley, *The Genius and the Goddess*, Harper & Brothers, 1955.

[3] S. Zweig, *The Royal Game and Other Stories*, Harmony Books, 1981.

[4] W. Tevis, *The Queen's Gambit*, Random House, 1983.

[5] R. Goldstein, *The Mind-Body Problem – A Novel*, Random House, 1983.

[6] G. Martínez, *Regarding Roderer – A Novel About Genius*, St. Martin's Press, 1994.

[7] V. Tasić, *Herbarium of Souls*, Broken Jaw Press, 1998.

[8] F. Dürrenmatt, *The Physicists*, Grove Press, 1991.

[9] D. Aronofsky, π,, 85 分の白黒フィルム,独立系, 1998 年制作.

[10] N. C. Chaitin, *The Small Hours*, 95 分白黒フィルム, NYC Museum of Modern Art Film Library, 1962 年制作.

[11 J. L. Casti, *The Cambridge Quintet – A Work of Scientific Speculation*, Little, Brown & Company, 1998. [藤原正彦・美子訳、「ケンブリッジ・クインテット」、新潮社、1998 年]

AIT に関する論文

[1] C. Calude, *Information and Randomness – An Algorithmic Perspective*, Springer-Verlag, 1994.

[2] L. Brisson, F.W. Meyerstein, *Inventer L'Univers – Le Problème de la Connaissance et les Modèles Cosmologiques*, Les Belles Lettres, 1991.

[3] L. Brisson, F.W. Meyerstein, *Inventing the Universe – Plato's Timaeus, the Big Bang, and the Problem of Scientific Knowledge*, State University of New York Press, 1995.

[4] L. Brisson, F.W. Meyerstein, *Puissance et Limites de la Raison – Le Problème des Valeurs*, Les Belles Lettres, 1995.

[5] G. Markowsky, "An introduction to algorithmic information theory – its history and some examples," *Complexity*, Vol. 2, No. 4, March/April 1997, pp. 14-22.

[6] G. Rozenberg, A. Salomaa, "The secret number," *Cornerstones of Undecidability*, Prentice-Hall, 1994 の最終章.

[7] G.R. Mulhauser, *Mind Out of Matter – Topics in the Physical Foundations of Consciousness and Cognition*, Kluwer Academic, 1998.

私の AIT に関する論文

[1] "On the length of programs for computing finite binary sequences by bounded-transfer

Turing machines," *AMS Notices* **13** (1966), p. 133.

[2] "On the length of programs for computing finite binary sequences by bounded-transfer Turing machines II," *AMS Notices* **13** (1966), pp. 228-229.

[3] "On the length of programs for computing finite binary sequences," *Journal of the ACM* **13** (1966), pp. 547-569.

[4] "On the length of programs for computing finite binary sequences: statistical considerations," *Journal of the ACM* **16** (1969), pp. 145-159.

[5] "On the simplicity and speed of programs for computing infinite sets of natural numbers," *Journal of the ACM* **16** (1969), pp. 407-422.

[6] "On the difficulty of computations," *IEEE Transactions on Information Theory* IT-16 (1970), pp. 5-9.

[7] "To a mathematical definition of 'life'," *ACM SICACT News, No.* 4 (Jan. 1970), pp. 12-18.

[8] "Computational complexity and Gödel's incompleteness theorem," *AMS Notices* **17** (1970), p. 672.

[9] "Computational complexity and Gödel's incompleteness theorem," *ACM SIGACT News,* No. 9 (April 1971), pp. 11-12.

[10] "Information-theoretic aspects of the Turing degrees," *AMS Notices* **19** (1972), pp. A-601, A-602.

[11] "Information-theoretic aspects of Post's construction of a simple set," *AMS Notices* **19** (1972), p. A-712.

[12] "On the difficulty of generating all binary strings of complexity less than *n*," *AMS Notices* **19** (1972), p. A-764.

[13] "On the greatest natural number of definitional or information complexity less than or equal to *n*," *Recursive Function Theory: Newsletter*, No. 4 (Jan. 1973), pp. 11-13.

[14] "A necessary and sufficient condition for an infinite binary string to be recursive," *Recursive Function Theory: Newsletter*, No. 4 (Jan. 1973), p. 13.

[10] "There are few minimal descriptions," *Recursive Function Theory: Newsletter*, No. 4 (Jan. 1973), p. 14.

[15] "Information-theoretic computational complexity," *Abstracts of Papers*, 1973 *IEEE International Symposium on Information Theory*, p. F1-1.

[16] "Information-theoretic computational complexity," *IEEE Transactions on Information Theory* IT-20 (1974), pp. 10-15. Reprinted in T. Tymoczko, New Directions in the Philosophy of Mathematics, Birkhäuser, 1986. Also reprinted in T. Tymoczko, *New Directions in the Philosophy of Mathematics* (Expanded Edition), Princeton University Press, 1998.

[17] "Information-theoretic limitations of formal systems," *Journal of the ACM* **21** (1974), pp. 403-424.

[18] "A theory of program size formally identical to information theory," Abstracts of Papers, 1974 *IEEE International Symposium on Information Theory*, p. 2.

[19] "Randomness and mathematical proof," *Scientific American* **232**, No. 5 (May 1975), pp. 47-52.

[20] "A theory of program size formally identical to information theory," *Journal of the ACM* **22** (1975), pp. 329-340.

[21] "Information-theoretic characterizations of recursive infinite strings," *Theoretical Computer Science* **2** (1976), pp. 45-48.
[22] "Algorithmic entropy of sets," *Computers & Mathematics with Applications* **2** (1976), pp. 233-245.
[23] "Program size, oracles, and the jump operation," *Osaka Journal of Mathematics* **14** (1977), pp. 139-149.
[24] "Algorithmic information theory," *IBM Journal of Research and Development* **21** (1977), pp. 350-359, 496.
[25] "Recent work on algorithmic information theory," Abstracts of Papers, 1977 *IEEE International Symposium on Information Theory*, p. 129.
[26] "A note on Monte Carlo primality tests and algorithmic information theory," with J.T. Schwartz, *Communications on Pure and Applied Mathematics* **31** (1978), pp. 521-527.
[27] "Toward a mathematical definition of 'life'," in R.D. Levine and M. Tribus, *The Maximum Entropy Formalism*, MIT Press, 1979, pp. 477-498.
[28] "Algorithmic information theory," in *Encyclopedia of Statistical Sciences*, Volume 1, Wiley, 1982, pp. 38-41.
[29] "Gödel's theorem and information," *International Journal of Theoretical Physics* **22** (1982), pp. 941-954. Reprinted in T. Tymoczko, *New Directions in the Philosophy of Mathematics*, Birkhäuser, 1986. Also reprinted in T. Tymoczko, *New Directions in the Philosophy of Mathematics* (Expanded Edition), Princeton University Press, 1998.
[30] "Randomness and Gödel's theorem," *Mondes en Développement*, No. 54-55 (1986), pp. 125-128.
[31] "Incompleteness theorems for random reals," *Advances in Applied Mathematics* **8** (1987), pp. 119-146.
[32] *Algorithmic Information Theory*, Cambridge University Press, 1987.
[33] *Information, Randomness & Incompleteness*, World Scientific, 1987.
[34] "Computing the busy beaver function," in T.M. Cover and B. Gopinath, *Open Problems in Communication and Computation*, Springer-Verlag, 1987.
[35] "An algebraic equation for the halting probability," in R. Herken, *The Universal Turing Machine*, Oxford University Press, 1988.
[36] "Randomness in arithmetic," *Scientific American* **259**, No. 1 (July 1988), pp. 80-85.
[37] *Algorithmic Information Theory*, 2nd printing (with revisions), Cambridge University Press, 1988.
[38] *Information, Randomness & Incompleteness*, 2nd edition, World Scientific, 1990. 誤植訂正 26 ページ 25 行"quickly that"は"quickly than"; 31 ページ 19 行"Here one"は"Here once"; 55 ページ 17 行"RI, p. 35"は"RI, 1962, p. 35"; 85 ページ 14 行"1. The problem"は"1. The Problem"; 88 ページ 13 行"4. What is life?"は"4. What is Life?"; 108 ページ 13 行"the table in"は"in the table in"; 117 ページ Theorem 2.3(q)の"$H_c(s,t)$"は"$H_c(s/t)$"; 134 ページ 7 行"#{ $n \mid H(n) \le n$ } $\le 2^{n}$"は"#{ $k \mid H(k) \le n$ } $\le 2^{n}$"; 274 ページ最終行"n_{4p+4}"は"$n_{4p'+4}$".
[39] *Algorithmic Information Theory*, 3rd printing (with revisions), Cambridge University Press, 1990.
[40] "A random walk in arithmetic," *New Scientist* **125**, No. 1709 (24 March 1990), pp. 44-46.

Reprinted in N. Hall, *The New Scientist Guide to Chaos*, Penguin, 1992, and in N. Hall, *Exploring Chaos*, Norton, 1993.

[41] "Algorithmic information & evolution," in O.T. Solbrig and G. Nicolis, *Perspectives on Biological Complexity*, IUBS Press, 1991, pp. 51-60.

[42] "Le hasard des nombres," *La Recherche* **22**, No 232 (mai 1991), pp. 610-615.

[43] "Complexity and biology," *New Scientist* **132**, No. 1789 (5 October 1991), p. 52.

[44] "LISP program-size complexity," *Applied Mathematics and Computation* **49** (1992), pp. 79-93.

[45] "Information-theoretic incompleteness," *Applied Mathematics and Computation* **52** (1992), pp. 83-101.

[46] "LISP program-size complexity II," *Applied Mathematics and Computation* **52** (1992), pp. 103-126.

[47] "LISP program-size complexity III," *Applied Mathematics and Computation* **52** (1992), pp. 127-139.

[48] "LISP program-size complexity IV," *Applied Mathematics and Computation* **52** (1992), pp. 141-147.

[49] "A Diary on Information Theory," *The Mathematical Intelligencer* **14**, No. 4 (Fall 1992), pp. 69-71.

[50] *Information-Theoretic Incompleteness*, World Scientific, 1992. 誤植訂正 67 ページ 25 行"are there are"は"are there"; 71 ページ 17 行"that case that"は"the case that"; 75 ページ 25 行 "the the"は"the"; 75 ページ 31 行"$-\log_2 p - \log_2 q$"は"$-p \log_2 p - q \log_2 q$"; 95 ページ 22 行 "This value of"は"The value of"; 98 ページ 34 行"they way they"は"the way they"; 99 ページ 16 行"exactly same"は"exactly the same"; 124 ページ 10 行"are there are"は"are there".

[51] *Algorithmic Information Theory*, 4th printing, Cambridge University Press, 1992. (Identical to 3rd printing.)誤植訂正 111 ページ Theorem I0(q)の"$H_c(s, t)$"は"$H_c(s/t)$".

[52] "Randomness in arithmetic and the decline and fall of reductionism in pure mathematics," *Bulletin of the European Association for Theoretical Computer Science*, No. 50 (June 1993), pp. 314-328. Reprinted in J.L. Casti and A. Karlqvist, *Cooperation and Conflict in General Evolutionary Processes*, Wiley, 1995. Also reprinted in *Chaos, Solitons & Fractals*, Vol. 5, No. 2, pp. 143-159, 1995.

[53] "On the number of n-bit strings with maximum complexity," *Applied Mathematics and Computation* **59** (1993), pp. 97-100.

[54] "Randomness and complexity in pure mathematics," *International Journal of Bifurcation and Chaos* **4** (1994), pp. 3-15. Reprinted in *Lecture Notes in Physics*, Vol. 461, Springer-Verlag, 1995.

[55] "Responses to 'Theoretical mathematics...'," *Bulletin of the American Mathematical Society* **30** (1994), pp. 181-182.

[56] Foreword in C. Calude, *Information and Randomness*, Springer-Verlag, 1994, pp. ix-x.

[57] "Randomness in arithmetic and the decline and fall of reductionism in pure mathematics," in J. Cornwell, *Nature's Imagination*, Oxford University Press, 1995, pp. 27-44. Slightly edited version of 1993 EATCS Bulletin paper.

[58] "Program-size complexity computes the halting problem," *Bulletin of the European Association for Theoretical Computer Science*, No. 57 (October 1995), p. 198.

[59] "The Berry paradox," *Complexity* 1, No. 1 (1995), pp. 26-30. Reprinted in *Lecture Notes in Physics*, Vol. 461, Springer-Verlag, 1995. Also reprinted in P. Århem, H. Liljenström, U. Svedin, *Matter Matters?*, Springer-Verlag, 1997.

[60] "A new version of algorithmic information theory," *Complexity* 1, No. 4 (1995/1996), pp. 55-59.

[61] "How to run algorithmic information theory on a computer," *Complexity* 2, No. 1 (September 1996), pp. 15-21.

[62] "The limits of mathematics," *Journal of Universal Computer Science* 2, No. 5 (1996), pp. 270-305.

[63] "An invitation to algorithmic information theory," *DMTCS'96 Proceedings*, Springer-Verlag, 1997, pp. 1-23.

[64] *The Limits of Mathematics*, Springer-Verlag, 1998. ［黒川利明訳、「数学の限界」、エスアイビー・アクセス、2001］

[65] "Elegant LISP programs," in C. Calude, *People and Ideas in Theoretical Computer Science*, Springer-Verlag, 1999, pp. 32-52.

著者紹介

Gregory J. Chaitin（グレゴリー・チャイティン）

アルゼンチン系米国人数学者・計算機科学者。アルゼンチン大学系統系数学科教授、欧米各大学客員教授などを歴任。IBMワトソン研究所勤務時代には Power プロジェクトのチームに所属し、非可算実数に関するアルゴリズム情報理論の研究でチャイティン定数として知られるΩ（オメガ）を発表している。情報理論の分野で「情報数学のオイラー」と称されている。現在、停止確率Ωの発見者でもある。それに先だって「計算数のゲーデル」として知られていた。また進化生物学やメタバイオロジーの分野でもアルゴリズム情報理論の影響が広がりを見せている。Wolfram Research の 2007 年ライプニッツ賞を受賞している。

現在、「データサイエンスで理解する」「メタマス!」「知の限界」、「数学の限界」、「数学の限界」の 5 冊が翻訳出版されている。

メールの宛先は gjchaitin@gmail.com
アカデミアは https://uba.academia.edu/GregoryChaitin

主要著書

Algorithmic Information Theory, 改訂 3 版, Cambridge University Press, 1990.
Information-Theoretic Incompleteness, World Scientific Publishing Company, 1992
The Limits of Mathematics, Springer-Verlag, 1998
The Unknowable, Springer-Verlag, 1999
Exploring Randomness, Springer-Verlag, 2001
Conversations with a Mathematician, Springer, 2001
Thinking About Gödel And Turing, World Scientific Publishing Company, 2007
Meta Math!: The Quest for Omega, Vintage, 2008
Darwin alla prova. L'evoluzione vista da un matematico, Codice, 2013

訳者紹介

能川利明（くるかわ としあき）

1972年、東京大学工学系研究科修士課程修了。東芝（株）、新世代コンピュータ技術開発機構、日本IBM、（株）CSK（現 SCSK（株））、委託工業大学を経て、
現在、デザイン思考教育主宰。IEEE SOFTWARE Advisory Board メンバー、町田市在住電子工作サークル、次世代サポーター。

主要訳書

著書に、『Scratchでデジタルプログラミング—一般に...に』（朝倉書店）、『Service Design and Delivery – How Design Thinking Can Innovate Business and Add Value to Society』（Business Expert Press）、『ラテラルシンキングのドキュメント』（共立出版）、『情報セキュリティ入門』（共著書店）、『ソフトウェア工学入門』（朝倉書店）、『図解 一冊—そのためのデータサイエンス』（近代科学社）など。

訳書に、『データサイエンスのための統計学入門 第 2 版』、『Effective Python 第 2 版—Python プログラムを改善する 90 項目』、『Python による... テキストデータサイエンス... に向けて』（オライリー・ジャパン）、『事例でわかるファジィファジファ Python 機械学習実装』、『pandas クックブック』（朝倉書事）、『メタ・マス!』、『セキュアな... 考え方』、『コンピュータ... ... 技法を学ぶ』（共立出版）など。

知の限界

2001 年 9 月 3 日　初版第 1 刷発行
2021 年 2 月 20 日　復刻改装版第 1 刷発行

著　者　Gregory J. Chaitin
訳　者　黒川利明
発行者　富澤　昇
発行所　株式会社エスアイビー・アクセス
　　　　〒183-0015 東京都府中市清水が丘 3-7-15
　　　　TEL: 042-334-6780／FAX: 042-352-7191
　　　　Web site: http://www.sibaccess.co.jp
発売元　株式会社星雲社（共同出版社・流通責任出版社）
　　　　〒112-0005 東京都文京区水道 1-3-30
　　　　TEL: 03-3868-3275/FAX: 03-3868-6588
印刷製本 デジタル・オンデマンド出版センター

Translation Copyright © 2001/2021 SIBaccess Co. Ltd.

printed in Japan　　　　　　　　　　　　　　　　ISBN978-4-434-28490-8

Translation from the English language edition:
The Unkowable by Gregory J. Chaitin
Copyright © Springer-Verlag Singapore Pte. Ltd. 1999
Springer-Verlag is a company in the BertelsmannSpringer publishing Group
All Rights Reserved.
Japanese translation published by arrangement with Springer-Verlag GmbH & Co.KG through The English
Agency (Japan) Ltd.

SiB
access　SiB means *Small is Beautiful* and/or *Simple is Better.*